建筑智能建造技术初探及其应用

周绪红　刘界鹏　冯　亮　伍　洲　齐宏拓　李东声　著

中国建筑工业出版社

图书在版编目（CIP）数据

建筑智能建造技术初探及其应用／周绪红等著．——
北京：中国建筑工业出版社，2021.6（2022.3重印）
ISBN 978-7-112-25949-6

Ⅰ．①建…　Ⅱ．①周…　Ⅲ．①智能技术-应用-土木
工程-研究　Ⅳ．①TU

中国版本图书馆 CIP 数据核字（2021）第 040302 号

本书是作者近几年来在建筑智能化设计、检测、施工等方面探索性研究成果的总结。全书分为 10 章，主要包括混凝土结构与砌体墙的智能深化设计技术、基于激光扫描点云数据的建筑智能检测技术、施工现场智能化监控技术等三个方面的内容。本书内容可供智能建造、土木工程、建设管理、建筑技术等专业的高年级本科生、研究生、教师、科研人员和工程技术人员参考。

责任编辑：李天虹
责任校对：刘梦然

建筑智能建造技术初探及其应用

周绪红　刘界鹏　冯　亮　伍　洲　齐宏拓　李东声　著

*

中国建筑工业出版社出版、发行（北京海淀三里河路 9 号）

各地新华书店、建筑书店经销

北京鸿文瀚海文化传媒有限公司制版

北京中科印刷有限公司印刷

*

开本：787 毫米×1092 毫米　1/16　印张：11¼　字数：278 千字
2021 年 4 月第一版　　2022 年 3 月第二次印刷
定价：**116.00** 元
ISBN 978-7-112-25949-6
（37212）

前　言

　　建筑业是我国的支柱产业之一，对推动我国城镇化建设和经济社会发展发挥了重要作用。但传统建筑业是劳动密集型产业，面临建造方式粗放、资源消耗大、污染排放高、组织方式落后、生产效率低、工人年龄老化、用工成本攀升、新技术应用滞后、工程质量风险高等一系列挑战。在我国人口老龄化日趋严重的背景下，建筑业劳动力短缺的问题也日渐突出。我国建筑行业大而不强，科技贡献率不高，转型升级已迫在眉睫。要实现我国建筑业高质量、可持续发展目标，必须走以信息化和智能化为主要手段的新型工业化道路。

　　人工智能是新一轮科技革命和产业变革的核心技术，其应用越来越广泛。而与先进制造业相比，建筑行业的信息化和智能化水平较低。将人工智能与传统建筑业结合，形成建筑智能建造技术，是行业发展的必然趋势，对促进建造技术转型升级、推动行业科技进步、带动传统学科融合发展具有重大意义。建筑智能建造技术是基于应用数学、统计学、机器学习等智能算法、物联网、5G 信息传输、云计算、数据库、无人机、机器人、3D 打印、虚拟/增强现实、BIM 等基础理论和新一代信息技术，实现高效自动化工程设计、生产、检测、管控的技术体系。发展建筑智能建造技术可显著提高工程建造效率，降低人力投入，提升建造质量，带来显著的经济、生态、环境和社会效益。

　　建筑智能建造技术本身属于多学科交叉领域。顺应我国乃至全球范围内建筑业向智能建造方向转型升级的趋势，作者于 2017 年正式组建了由土木工程、计算机、自动化、数学专业的教师和研究生组成的建筑智能建造科研团队，开展建筑智能设计、生产与施工质量智能检测、施工安全智能监控等方面的探索性研究。团队所研究的问题，均来自于作者多年来参与工程实践发现的技术难题。在装配式建筑工程中，预制混凝土构部件的深化设计工作量大、出错率高、工作时间长，且深化设计属于低端的重复性脑力劳动，导致一般工程师不愿意从事此项工作，制约了我国建筑工业化的发展；代替人的低端重复性脑力劳动，正是当前人工智能最适合发展的方向；因此，作者开展了深入的智能深化设计技术研究。对预制装配式构部件及施工完成的建筑，其尺寸偏差、平整度及垂直度等检测工作，均为工人采用卷尺、卡尺和塞尺等进行手动测量，误差大，效率低，人为因素多，质量难以控制；于是作者开展了结合激光三维扫描技术的建筑智能检测技术研究。在工程施工现场，目前的建筑施工安全、生产进度、施工效率等管控工作以人力管控为主，存在人力投入大，信息传递滞后，管控效率低、安全风险高等问题。针对施工管控需求，作者开展了基于物联网、云计算、深度学习、图像与视频识别、动作识别等方面的施工智能管控技术研究。

　　本书是作者近几年来在建筑智能化设计、检测、施工等方面探索性研究成果的总结。全书分为 10 章，主要包括混凝土结构与砌体墙的智能深化设计技术、基于激光扫描点云数据的建筑智能检测技术、施工现场智能化监控技术等三个方面的内容。本书内容可供智能建造、土木工程、建设管理、建筑技术等专业的高年级本科生、研究生、教师、科研人员和工程技术人员参考。

我们的建筑智能建造技术研究工作得到了中国工程院重庆战略研究院咨询项目（建筑智能建造产业发展战略研究）、重庆市科技创新引导项目（cstc2019yszx-jscxX0001）、重庆大学"双一流"学科专项建设项目（土木建筑业大数据与人工智能科研平台）的资助。在研究过程中，中国地震局工程力学研究所林旭川研究员承担了装配式外墙板智能深化设计软件的有限元计算接口开发工作，研究团队的软件工程师李明春、徐川、兰昊承担了算法封装、软件开发和系统集成等工作，博士后研究人员和研究生程国忠、许成然、敖念、刘鹏坤、吴文博、李帅、曾焱、张超等承担了大量的算法试验工作。没有他们的辛勤付出、无私奉献，本书不可能完成。在此，谨向参与研究工作的各位专家、研究生表示诚挚的感谢！

需要指出的是，建筑智能建造技术在国内外的研究均刚刚起步，作者目前的研究工作也处于初探性阶段。作者期待本书的出版对推动传统土木工程学科与人工智能学科的交叉融合起到一定的示范作用，也希望对我国建筑业转型升级和高质量发展起到一定的促进作用。

由于作者水平有限，书中难免有不足之处，恳请读者批评指正。

周绪红

刘界鹏

2021 年 3 月 1 日

目　　录

1 绪 论

1.1 新一代信息技术在建筑行业中的应用

随着机器学习算法、超大规模集成电路、大规模 GPU 服务器并行计算、大数据分布式存储与处理、类人脑芯片等技术的迅速发展，以人工智能、物联网、5G、机器人、云计算与大数据处理、3D 打印等为代表的新一代信息技术已经成为带动行业进步和国家经济增长的重要引擎。作为我国及全球范围内的支柱产业，建筑业与新一代信息技术的深度融合是行业转型升级的必然趋势。

当前，全球范围内的高等院校、科研院所和企业已开始进行新一代信息技术在建筑业中的应用研究，希望依靠新一代信息技术的超强渗透力及推动力，促进建筑业向高科技、高效率方向转型升级。对相关研究及应用情况进行调研统计后可发现，目前业界对新一代信息技术在建筑业中的应用研究存在以下趋势：在规划、设计、生产、建造及运维阶段引入人工智能技术，让建造过程更加安全、智能与高效[1]；在设计生产与建造过程中引入5G 技术，为智能建造提供海量数据快速传输支撑；在建造与运维过程中引入物联网，为建造过程与工程质量的全生命周期追踪提供数据支撑[2]；在施工安装过程中引入机器人技术，为施工安装过程提供持续不断的低成本优质劳动力，同时提高施工效率与建造品质[3]；在工程建设全流程中引入云计算技术，利用其强大的分析处理能力以完成建筑一体化智能平台建设，加强协同管理水平及信息资源共享程度，达到降本增效的目的[4]；在设计及建造过程中引入 3D 打印，解决设计快速验证与复杂构部件难题的同时，缩短研发设计周期、提高生产效率、节省材料、节能环保[5]。

目前建筑业在规划、设计、生产制造、建造施工、运营维护等阶段大多采用传统工艺或配套软件完成相应工作，存在的问题有：规划阶段，时间一般比较短，难以很快做出相对更优的规划方案；设计阶段，周期短、工程师绘图工作量大、低端重复劳动多、不同专业协同困难；生产制造阶段，生产效率低、构件成品尺寸精度低、施工安装出错率偏高、生产与设计施工方之间的衔接效率低；施工阶段，安全监控效果差、施工进度管控难度大、工程量统计不准确、施工全过程质量监控效率低；运营维护阶段，难以获取准确完整竣工图纸、无法获取建筑内部实时状况、无法进行预测性维护。以上问题仅是建筑业各阶段的局部，这些问题在各阶段经累积叠加，不断放大，造成了建筑业生产效率低下、人力投入大、安全与质量监控效果差、运营维护难度大的现状。为解决此类问题，建筑行业已开始智能化应用方面的研究和技术开发，其研究趋势如下：

在规划阶段，通过引入人工智能技术实现智能规划，即将分区地块区域位置、分区面积大小、绿化率、容积率、目标客户需求喜好、相关行标及法规要求、交通道路方位通行现状及需求信息提交给智能规划系统，系统自动根据各项限制及法规要求快速生成多种不

1

同规划方案，规划者可从中选出相对更优的方案进行进一步细化设计。通过智能规划，解决传统规划设计短时间内无法提供多种对比方案，以至无法得到更优化规划方案的难题。

在设计阶段，通过引入人工智能技术以实现建筑整体智能设计和构部件智能设计，并争取将设计全流程融入智能平台，以逐步实现全流程智能化设计[6]。目前在构部件自动生成设计详图方面，相关的技术与产品已经取得明显进步，如国内部分研究人员针对 Revit 等工程设计软件开发的相应插件，此类插件将原本需要设计人员花费数天或数小时完成的工作缩短为几分钟即可完成。同时为让展示更加直观，研究人员利用 AR＋VR 技术进行建筑设计展示，让用户在设计时即能感受到建造完成后的实际场景，以使设计更加符合用户的真实需求。

在生产制造阶段，通过引入人工智能技术提高质量和效率，包括建筑构部件质量智能检测，生产与深化设计模型及现场安装进度数字化关联实现按需生产，大型装配式构件智能数字化预拼装，不同项目装配式构件尺寸不同问题所需的智能化柔性生产等[7]。另一方面，通过引入物联网技术，让各构件在生产制造阶段即拥有唯一的"身份证"，实现每一个构部件从生产制造、运输仓储、建造施工到运营维护全生命周期的实时追踪与监测[8]。同时在构部件生产制造过程中，通过计算机视觉、智能控制、决策系统、工业机器人快速识别等技术，提高生产效率和质量。

在施工阶段，通过引入人工智能技术实现施工场地智能安全监测、施工质量智能分析、复杂节点施工工艺智能化展示等功能，让建筑施工现场的科技水平逐渐提升[9]。目前业内开始应用视频分析技术实现安全帽佩戴检测、危险场景作业人员安全预警等功能，部分科研人员开始利用三维激光扫描及人工智能算法对建筑室内的施工质量进行自动扫描与智能检测；此类技术的广泛应用将显著提高施工效率，并降低施工质量的监控成本。通过将 5G 技术引入工地施工，可实现工地的远程自动化操控，即利用 5G 技术的高带宽、高可靠、低延时优势，对工程机械设备进行远程操控甚至自动控制，解决工程机械领域人员作业环境恶劣、安全难以保障、企业成本居高不下的难题。在机器人应用方面，针对建筑施工中重复性高、危险程度高、体力劳动强度大的工艺环节，开发建筑机器人，并逐渐在土方工程、地基与基础工程、砌筑工程、钢筋混凝土工程、防水工程、装饰工程、焊接工程等主要施工工序中引入建筑机器人，以达到保证安全、提高效率、降低劳动强度等目标。

在运营维护阶段，通过引入人工智能可极大提高运营维护效率，实现预测性维护，延长建筑和基础设施寿命。目前相关的研究主要包括：利用卷积神经网络进行工程结构检测[10]，结合深度学习算法进行工人行为分析和施工安全监控，利用机器人进行钢结构焊接和钢筋绑扎[11] 等。在基于 BIM 技术的建筑一体化智能平台方面，通过引入云计算及大数据技术，在平台中对项目施工过程中的人员、设备、材料等进行统一合理调配及管理，从源头进行工程成本管控和人员管理，合理分配工程项目资源，同时集成工地各物联网子系统，以此对施工过程中各业务应用系统数据进行收集和分析，消除工地业务信息碎片化的现状。此外建筑一体化智能平台还能够将监管方、材料供应方、建设方、设计方、施工方、监理方等相关部门和企业进行充分整合，提高行业透明度和效率，促进建筑行业的整体进步。

1.2 建筑智能设计技术发展现状

近几年，建筑信息模型（Building Information Modeling，BIM）广泛使用在建筑设计和施工行业[12]中以减少建筑全生命周期中的工程浪费[13]和工程失误[14]，并提高工程各方的沟通效率[15]。具体来说，BIM通过创造新的工作岗位和重新组织工作流程，改变了建筑工作流程。一个建筑或基础设施工程项目常由成千上万的构部件组成，在设计阶段的重要工作就是协调这些构部件的空间关系和施工工序。针对这些复杂的协调工作，BIM技术的应用日益广泛，其最广泛的应用之一是建筑构部件的空间关系碰撞检测和解决。

一直以来，劳动力密集、低生产率和较高危险性等问题广泛存在于建筑工程行业[16]。随着工程建设行业的发展，预制混凝土构件（Precast Concrete Elements）被越来越多地应用于民用建筑和基础设施领域。相对于传统的现场浇筑施工方法，装配式构件与现场安装可以显著提高施工效率，降低施工成本，减少污染并改善现场的环境[17-19]。与此同时，装配式建筑的结构受力性能很大程度上取决于构件之间的连接，例如预埋件与钢筋之间的连接[20]；由于构件之间连接处钢筋设计的缺陷导致的结构坍塌失稳时有发生。因此钢筋和预埋件的设计是钢筋混凝土（Reinforced Concrete，RC）结构和预制装配式结构建设过程中必不可少的环节。根据我国《混凝土结构设计规范》GB 50010—2010[21]和《建筑抗震设计规范》GB 50011—2010[22]，钢筋的设计必须满足抗震和承载力要求。由于钢筋在节点处排布密集并需满足构造要求，即使借助计算机软件，设计人员手动避免所有碰撞（硬碰撞）或拥堵（软碰撞，将导致混凝土浇筑困难）也难度很大，耗费时间且出错率高[23-24]。在设计过程中，工程师通常需要协调具有空间约束关系的构件排布；随着BIM技术的应用，工程师可通过三维可视化与碰撞检测技术在设计阶段实现碰撞的检测，并由工程师进行模型调整予以解决。当前的计算机辅助设计软件在设计阶段仅能实现部分的碰撞检测功能，一些计算分析软件例如Autodesk Robot Structural Analysis Professional、CSI ETABS、PKPM、YJK等软件仅进行结构的受力计算，并根据受力要求计算钢筋面积并得到钢筋基本信息，而不能进行构件或钢筋的碰撞检测；现有的BIM软件，包括Solibri Model Checker和Autodesk Navisworks Manage等可以实现构件碰撞的检测和可视化，但无法提供具体的碰撞解决方案[25]，实现不了碰撞发生后的自动避障。即使借助了现有的计算机软件，工程设计人员也需要耗费大量的时间对碰撞问题进行识别与解决，有时还无法完全避免碰撞问题（图1.2-1）。

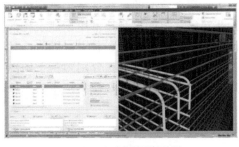

(a) Navisworks中钢筋碰撞检测 (b) BIM360 Glue中钢筋碰撞检测

图1.2-1　钢筋碰撞问题图片

为了扩展 BIM 技术对于自动化设计中的碰撞检测和解决能力，Zhang 和 Hu[26-27] 通过集成施工模拟、四维施工管理、安全分析等，提出了一种新的施工冲突与安全分析的方法；然而他们的方法没有提供解决碰撞问题的具体实现方案。Helm[28] 等将碰撞检测方法分为四类：（1）形状比较算法（Shapes Comparison）；（2）轴对齐边界框比较算法（Axis-Aligned Bounding Boxes Comparison）；（3）光线与三角形求交算法（Ray-Triangle Inter-section）；（4）建筑产品数据表达标准（IFC）结构算法。但是这些方法只关注碰撞检测，没有提供碰撞自动化解决的具体方案。Park[29] 开发了一个基于 BIM 的仿真器用于决定钢筋放置顺序，通过开发的应用程序接口（API）来检测钢筋的碰撞；当钢筋中心线之间的距离小于钢筋直径时，碰撞问题会被自动识别；然而该研究主要侧重于在钢筋放置顺序的仿真，钢筋的空间碰撞只能通过手动解决。此外，Wang 和 Leite[25] 开发机械、电气和管道（Mechanical，Electrical，and Plumbing，MEP）系统冲突空间坐标的知识表示，包括构件的描述、内容、评估和管理细节等；但是开发的知识表示模式只能存储基于碰撞的信息，而无法提供具体的碰撞解决方案。Radke[30] 等提出了自动化识别和解决机械、电气和管道系统的碰撞的算法，提供的碰撞解决方案是通过移动两个碰撞实体当中的一个来解决空间冲突；然而在移动一个实体之后，该方法无法验证设计约束是否符合，并且该方法仅限于解决特定类型的碰撞。Mangal 和 Cheng[12] 提出了一个基于 BIM 的框架，利用遗传算法实现钢筋设计，可以避免钢筋混凝土构件梁柱节点中的碰撞；当钢筋混凝土梁柱节点中的钢筋总数超过英国设计规范 BS8110[31] 中规定最大允许数量，则定义为碰撞；然而这种方法仅适用于规则形状的钢筋混凝土结构，而且这种方法生成的钢筋无法自动调整以避开障碍物，从而限制了其实用性应用。上述研究均采用传统方法，例如基于优化方法移动两个碰撞实体之一以解决空间碰撞，但无法提供碰撞解决的具体措施。已有方法的主要不足可总结为：（1）由于钢筋的设计需要在符合设计规范和构造约束的要求下完成，现有方法无法有效地学习和储存构造约束和设计规范；（2）以往的研究缺乏对钢筋的自动化和智能化排布和调整，以自动解决钢筋混凝土框架节点钢筋碰撞或拥塞、钢筋与预埋件的碰撞等复杂问题。因此，开发基于 BIM 的自动化无碰撞的钢筋或管道智能设计算法与技术，是实现建筑与基础设施智能设计目标的重要基础。

1.3 建筑智能检测技术发展现状

质量检测是建筑工程中的重要环节，它是全面评估建筑质量和安全的第一步。高效准确的质量检测能够保证建筑整体的施工质量，提高施工效率，减少现场返工等。然而，目前对于建筑构部件的质量检测仍是以人工检测为主，存在效率低且测量结果主观性大等问题，因此研究人员提出了众多基于计算机视觉的非接触式智能检测技术用于建筑构部件的质量检测，其中检测对象主要包括混凝土表面质量和构部件外观尺寸[32]。目前，对于基于计算机视觉的非接触式智能检测技术的研究主要集中于两个方面，分别为基于图像识别的方法[33] 与基于点云数据的方法[34]，这两种方法对于建筑质量智能检测技术的发展具有重要的作用。

1.3.1 基于图像识别的智能检测技术

图像处理技术在各个领域中都发挥着重要作用，例如医疗诊断、身份识别、自动驾驶等。可以发现，通过图像处理实现对于特定目标的识别，并通过对图像信息的挖掘与分析能够辅助专业人员对目标对象进行分析和决策。因此，建筑业研究人员考虑将成熟的图像处理技术应用于对混凝土表面裂缝或缺陷的识别，从而自动地对建筑构部件表观质量进行检测与评估[35]。

在混凝土表面的裂缝或缺陷检测方面，Liu[36] 等利用支持向量机算法提取图像中的裂缝区域，实现了对隧道裂缝的检测和分类。Abdel-Qader[37] 等首先对比了四类边缘检测方法对桥梁图像中裂缝的检测效果，四类方法包括 Canny 算子[38]、Sobel 算子[39]、傅里叶变换以及快速哈尔小波变换，对比结果表明哈尔变换的裂缝检测效果更可靠。随后，Abdel-Qader[40] 等进一步提出了一种裂缝图像的识别方法：利用主成分分析方法[41]（Principal Component Analysis，PCA），通过对一组裂缝图像的训练数据进行主成分提取作为先验知识；将待检测的混凝土图像分为多个小方格图像后，利用水平、垂直和斜向等检测算子进行卷积和过滤等操作，所有处理后的方格图像再根据主成分分析进行裂缝识别。Hutchinson 和 Chen[42] 针对混凝土裂缝边缘检测中的判别阈值提出了一种选择方法，然而基于判别阈值的裂缝边缘检测方法不能保证裂缝的连通性[43]。Yamaguchi 和 Hashimoto[44] 提出了一种基于渗流的图像处理方法来准确地检测混凝土表面裂缝，经过试验验证，该方法对于大尺寸的混凝土表面也有效。除了对裂缝直接进行边缘检测的方法，一些具有线性结构元素的形态学过滤算子也常被用于对混凝土表面的一般缺陷检测，包括裂缝、孔洞和塌陷表面等[45]，但对于一些特定的缺陷需要结合图像中的形状及纹理特征加以识别[46]。Suwwanakarn[47] 等提出了一种通过不同尺寸圆形过滤算子来确定混凝土表面不同尺寸的气泡孔方法。Zhu 和 Brilakis[48-49] 改进了文献［47］中的方法，将所有尺寸气泡孔使用一种尺寸的圆形过滤算子进行检测并提出了相应的量化评估方法，气泡孔检测准确率得到了提高。

以上方法都是通过传统图像处理技术提取输入图像中的特征，而随着神经网络的发展，更多的研究人员通过训练神经网络来实现对混凝土表面裂缝或缺陷的识别与量化计算。Chae 和 Abraham[50] 利用人工神经网络来进行管道缺陷的自动化分类，其中对于裂缝的识别准确率达到 72%。Sinha 和 Fieguth[51] 输入由面积、主轴长度、短轴长度等组成的模糊特征向量训练模糊神经分类器，从而实现对管道表面缺陷的分类。Moon 和 Kim[52] 使用减法处理、高斯过滤、形态学处理等图像处理技术将输入图像进行预处理后，提取图像中的特征向量并对神经网络进行训练，从而实现对裂缝的检测。Choudhary[53] 等采用边缘检测技术代替了文献［52］中的减法处理和高斯过滤操作，结合人工神经网络、边缘检测技术以及模糊逻辑，将提取的裂缝边缘输入神经网络中进行特征学习，提高了裂缝检测效率。Zhang[54] 等用路面裂缝图像作为训练集，分别采用深度神经网络、支持向量机和集成学习进行训练，研究结果表明深度神经网络具有更优的表现；Cha[55] 等结合卷积神经网络和滑动窗口来识别混凝土表面裂缝，其效果优于传统边缘检测算子。Wei[56-57] 等采用卷积神经网络来检测混凝土表面气泡，并建立基于实例分割算法的混凝土表面气泡识别与量化模型，从而用于检测评估混凝土表观质量。

基于图像识别的智能检测方法能够高效地对建筑构部件的表观质量进行检测，然而基于图像识别方法的准确性与实用性会受到光照条件的影响与限制，图像清晰度越差则检测精度越低；解决图像处于较低清晰度条件下的检测精度问题，是基于图像识别的智能检测方法走向广泛使用的关键。

1.3.2 基于点云数据的智能检测技术

目前，一项高科技场景数据获取系统——三维激光扫描仪（图 1.3-1）正受到建筑业研究人员和工程技术人员的关注。三维激光扫描仪从中心位置发射激光束，再通过棱镜反射将激光射出，并检测从目标点返回的反射信号来实现对目标点的距离测量。三维激光扫描仪可以快速地对大型的建筑或构部件进行全方位扫描，并根据大量三维激光点构成的点云数据以毫米级以下的误差来获取被扫描对象的距离、长度、方位角等信息[58]。另外，三维激光扫描仪进行数据采集时不受场景光源的影响，仅受被扫描对象表面反射率的影响；因此利用三维激光扫描仪可以更容易地对建筑整体或构部件进行尺寸质量检测，并可根据扫描点云数据建立合适的量化模型。

(a) Faro Focus系列　　　　　(b)Trimble TX系列　　　　　(c) Leica RTC 360

图 1.3-1　三维激光扫描仪示例

对于混凝土表面质量检测研究，在表面平整度检测方面，可以根据待检测混凝土表面的面积大小分为建筑表面检测（例如，现浇结构墙面或楼板表面等）与构件表面检测（例如，预制混凝土构件表面等）。

在建筑表面平整度的研究方面，Shih 和 Wang[59] 最早利用三维激光扫描技术测量墙面的平滑尺寸。被扫描面的墙体表面被设置为一个参考面，并沿着该表面法向量每次移动 1cm 来展示被测墙面的平滑尺寸；他们提出了一种直观的平整度展示方法，但是由于设置了步长导致无法精确测量墙面的平整度情况。Bosché[60-61] 等基于点云数据与 BIM 设计模型提出了一种表面平整度的评估方法；他们将点云数据与 BIM 设计模型匹配后，根据 F 数方法与 10 英尺直尺法[62] 进行平整度计算，实验结果证明点云数据可以为平整度评估提供足够的计算精度，但这个方法还是无法避免 F 数方法与直尺法中的随机采样特性；之后，为了避免传统方法中高频次的测量，他们首次将连续小波变换引入建筑表面点云数据的处理，在频域中对混凝土表面平整度进行分析，并与波纹指数方法[63] 进行了对比。Puri[64-65] 等改良了 Bosché 和 Biotteau[61] 的方法，使用二维小波变换进行混凝土表面的平整度检测；该方法的实验结果与波纹指数方法表现出很强的相关性，并且由于采用二维小波变换使得该方法也提供了一种直观的表面起伏表现形式。以上方法都适用于面积范围较大的建筑表面点云数据，却无法用于相对较小的构件表面点云数据。

在构件表面平整度的研究方面，Kim[66] 等基于 BIM 与三维激光扫描技术提出了一个用于预制混凝土构件质量检测的框架；其中构件表面质量检测所采用的技术为他们提出的混凝土剥离探测方法[67]，虽然该方法可以有效检查混凝土表面缺陷，却无法评估一个不含缺陷的混凝土表面平整度。Wang[68] 等提出了一种可以测量混凝土桥面板表面平整度与扭曲的方法，然而该方法依然是基于 FF 数方法，无法提供一个易于理解的可视化结果。Li[69] 等基于平面拟合技术和 BIM 提出了一种建筑与构件表面的平整度检测方法，该方法提出了一种彩色编码偏差图来反映被检测表面不同位置的平整度差异情况。

对于混凝土表面质量检测的研究，在表面裂缝或缺陷检测方面，Teza[70] 等提出一种根据表面点云的平均曲率和高斯曲率来检测混凝土表面损伤的技术，并对实际混凝土桥墩进行试验，验证了该方法的有效性。Tang[71] 等采用多种三维激光扫描仪进行混凝土表面数据采集，并采用多种缺陷检测算法进行数据处理，从而对比了被测试的三维激光扫描仪与缺陷检测算法的效果。Liu[72] 等提出了一种基于点云表面位移与梯度的缺陷检测方法，用于老旧桥梁混凝土表面材料质量损失的定量检测。Kim[67] 等开发了一种准确定位和量化混凝土表面缺陷的探测方法，并通过扫描参数试验分析，确定了最佳扫描参数以提高该方法的实用性。Erkal[73] 等提出了一种基于点云数据表面法线的损伤检测和量化方法。Turka[74] 等提出了一种基于自适应小波变换神经网络的数据处理方法，用于检测混凝土裂缝和其他形式的损伤。由以上方法可知，对于混凝土表面裂缝或缺陷的检测，相比于基于图像的智能检测方法，采用点云数据能够更好地对混凝土表面裂缝或缺陷进行定量分析，从而帮助检测人员评估其表面质量。

在建筑构部件外观尺寸质量检测研究方面，Park[75] 等较早地采用激光扫描点云数据测量了钢梁的挠度，试验结果表明结果精准度满足工程要求。Bosché[76] 提出一种基于点云数据进行构件识别的方法，并用于估计已建钢结构厂房中的 H 型钢构件长度。Cabaleiro[77-78] 等分别提出了一种用于钢结构框架连接节点扫描数据和变形 H 型钢梁点云数据的自动化尺寸估计建模方法；对于钢结构框架连接节点扫描数据，他们先将点云数据转化为 2.5 维密度图像，再采用霍夫变换[79] 确定钢结构框架连接处的法兰与腹板线，最后结合 Solidworks 软件[80] 完成模型生成；对于变形 H 型钢梁点云数据，他们采用超平面拟合和重要边界提取的方法生成了变形 H 型钢梁的竣工模型。Liu[81] 等提出了一种用于空间弯曲钢结构构件扫描数据的尺寸评估和结构性能分析方法；他们提出一种微矩形遍历方法来提取边界点，然后通过非均匀有理 B 样条曲线拟合的曲面来生成模型。Guo[82] 等针对预制构件模块提出了一种基于 BIM 设计模型的尺寸检测方法，将 BIM 设计模型与构件点云进行匹配识别，再针对不同形状构件按不同形状拟合算法进行整体尺寸估计。这些方法都是用于钢结构构件的主体结构尺寸估计，但都没有涉及细部连接结构（例如孔洞和剪力连接凹槽等）的尺寸估计。

对于装配式结构，可靠的连接是其安全性与稳定性的保障，细部连接结构尺寸的准确检测对于装配式建筑构部件的生产和安装具有重要意义。Kim[58,66-67,83-84] 等提出一种适合平面扫描数据的边缘与角点提取方法，并用于估计预制混凝土桥面板的主体尺寸与剪力连接凹槽尺寸，同时结合表面缺陷检测方法提出了完整的预制混凝土桥面板质量检测框架。针对预制混凝土桥面板，Wang[85] 等提出了一项竣工 BIM 模型自动生成技术，为了估计整体尺寸，他们首先提取了两种类型的边界数据，分别为两面相交边界与单面边界，然后将上表面投影至二维图像，采用根据设计模型创建的样板图像来定位映射图像中细部结构特征的所在位置；接着通过边缘估计方法[84,86]来提取结构特征角点，最终根据所获得的估计尺寸生成竣工 BIM 模型。以上方法实现了对预制混凝土桥面板构部件尺寸的估计与模型重建，然而由于建筑构部件种类繁多，以上研究都没有涉及被遮挡的表面对角点估计的影响。

1.4 建筑智能化施工技术发展现状

在建筑施工阶段和施工管理中进行智能化技术应用，有利于改善施工效率、质量和安全。在较为复杂的装配式建筑或桥梁工程中，为方便现场安装，预制构部件一般存在较多的连接节点。在生产阶段，单个构部件可能存在较小的尺寸误差，但在安装过程中，随着安装误差逐渐累积，最终可能会造成整体结构不能满足尺寸要求甚至安装不上。因此，大型或复杂预制构部件常需在工厂内进行实体预拼装，而实体预拼装使得施工和管理成本大幅增加。可见，开发智能数字化预拼装技术，通过计算机完成虚拟预拼装，是装配式建筑和桥梁发展的重要趋势。

在现场施工阶段，环境常较为杂乱，一般无法对现场人员以及设备、材料等进行有效监控和管理。近年来，第 3 代监控技术向着更加高清和智能的方向不断发展，施工现场已经安装了摄像头进行实时监控，这为基于视频信息进行自动化识别和智能监控技术的发展提供了硬件基础。基于施工现场的摄像头系统，开发智能监控技术，使得监控系统能在复杂的施工现场环境下完成对施工现场的对象识别和统计、人员安全检测与状态分析，将对建筑施工的智能化监控和管控具有重要的推进作用。

1.4.1 建筑智能预拼装技术

运输到施工现场前，大型或复杂预制构部件一般需要在工厂内进行一次实体预拼装（图 1.4-1），而实体预拼装占用场地，胎架搭建成本高，吊装和对位等工作量大，这不仅显著提高工程的总成本，还将增加工程工期。因此，建筑业研究人员提出测量复杂预制构部件中关键连接节点的实际尺寸或基于构部件点云数据的逆向模型，在计算机中实现复杂构部件的虚拟预拼装。

图 1.4-1 预制构部件实体预拼装

在智能化虚拟预拼装的研究方面，Tamai[87] 等最早提出了一套用于钢结构桥梁的虚拟预拼装系统——CATS（Computerized Assembly Test System）；他们通过在钢结构生产加工线上放置摄影测量相机来获取被检测对象的三维信息，并利用设计 CAD 模型进行尺寸校核，符合标准的构部件在电脑中进行虚拟预拼装。Case[88] 等提出了一种基于广义普氏分析的预拼装技术用于找到竣工 BIM 模型的最佳拼装形式；每个构部件采用度量调查的方式（例如全站仪等）获得关键连接节点的坐标，从而实现构部件的半自动化虚拟预拼装。Nahangi[89] 等提出了一种自动衡量预拼装误差并反馈的方法，他们基于机器人运动学和三维点云配准算法，逐步链接地生成待拼接的构部件正向运动学模型，从而可以自动量化拼接误差并分析各个局部误差。Rausch[90-92] 等基于三维激光扫描技术，针对模块化构部件提出了拼装优化方法，并结合 BIM 设计模型根据运动学链进行了拼接尺寸的变化分析，随后结合蒙特卡洛模拟方法实现了对预制构件拼装的允许误差分析。Zhou[93] 等提出了一种用于大型钢结构构件的预拼装方法，他们通过将扫描点云与设计模型匹配，并利用最小二乘方法拟合设计模型尺寸，使其接近实际扫描数据，并最终根据拟合结果调整设计模型实现逆向建模并用于后续预拼装。Ying[94] 等提出了一种钢结构桥梁预拼装方法，通过扫描钢结构构部件螺栓孔洞，提取螺栓孔洞内径数据进行二维投影，并在二维平面内进行圆孔拟合，再根据文献［88］的方法调整圆心坐标进行预拼装检测；之后，他们以福建潼南的涪江大桥为例验证了提出方法的有效性。以上方法均在智能化虚拟预拼装方面做出了贡献，然而目前并没有任何研究将智能化虚拟预拼装结果反馈与构部件设计相联系，通过智能化虚拟预拼装结果来指导构部件自动化设计，而这对于可更换的装配式建筑或桥梁构部件生产安装具有重要意义。

1.4.2 建筑智能监控技术

为实现施工现场智能化监控，研究人员开发多种自动提取及分析现场信息的技术，并设计相应的系统。研究相对较多的系统是基于物联网（Internet of Things，IoT）的方法。基于物联网的系统以目标物体为检测对象，依靠电子传感器，通过不断收集传感器的信息来分析对象的状态，包括速度、加速度和方向等。研究人员采用了基于位置的物联网传感器，如全球定位系统（Global Positioning System，GPS）、射频识别（Radio-frequency Identification，RFID）和超宽带（Ultra-wideband，UWB）等，以了解工人施工状态和设备状态。基于传感器的接触式监测的研究集中在远程定位与跟踪技术；Kelm[95] 等设计了移动 RFID 门户以检查工人的个人防护装备是否符合相应的规范。Teizer[96] 等提出关于利用极高频率的有源射频（RF）技术提高施工安全性。Zhang[97] 等通过基于传感器、移动、Web 和云技术实现没有佩戴安全帽的实时报警，促进施工安全检查和监督。基于GPS 建筑设备监控，Alshibani[98] 等进行了土方量测量和土方成本的预测研究；Pradhananga[99] 等进一步整合了 GPS 的结果，使用施工过程仿真模型进行数据分析，完成土方开挖量测量。Montaser[100] 等使用 RFID 技术检测自卸卡车的到达和离开时间，以监测土方作业的关键节点。Akhavian[101-102] 等利用各种类型的智能手机内置传感器（加速度计、陀螺仪和 GPS）以识别土方工程活动，通过分析设备的多维运动来进行设备活动识别；这种数据融合方法进一步应用于建筑工人活动识别方法的研究中。Cheng[103] 等通过UWB 获取工人的移动信息和站点分布等信息，完成对建筑工人活动的识别。陈进军[104]

以集成 ZigBee 协议的芯片为基础，依靠加速度传感器获取振动信息，进行工人施工状态跟踪。强茂山[105] 等从加速度传感器获取数据提取特征值，进行机器学习实验，识别钢筋工人的三种行为。为确保工人的安全，白正宗[106] 等将智能手机作为数据采集工具，利用其内置方向传感器输出数据，计算建筑工人工作时躯干的屈伸、横向弯曲和扭转角度，从而描述当前的躯干姿势并评估其危险。杜成飞[107] 使用加速度传感器的嵌入式设备，采集铁路工人行为数据并提取特征，采用决策树、随机森林、K 最近邻、支持向量机四种分类算法做了实验，结果表明支持向量机分类识别率最高。基于传感器方法的主要优点之一是可以有效地提供载体的身份信息，对不同传感器编号的工人进行分析。尽管研究取得了一定的效果，但物联网系统应用存在一些实际应用的问题，包括需要每位建筑工人佩戴物联网传感器，传感器的佩戴可能会影响正常的施工活动，遭受施工工人的抵制[108]，同时由于施工现场噪声过多，传感器可能存在噪声干扰，而且传感器的部署和维护也是难题。

另一种施工现场智能化监控方法是依靠普通摄像机或深度摄像机，并使用计算机视觉算法分析视频信息，从而识别工人活动。由于这些设备的数据收集不直接接触工人的身体，不会给施工工人带来不便，可实施性更强，因此近年来研究热度不断增加。随着深度相机的出现，研究人员使用深度相机获取人体关键点以完成工人活动识别，使用 Kinect 深度相机[109] 提取人员的身体轮廓并捕获人体图，使用快速骨骼化以获得人体姿势的描述符[110]。罗德焕[111] 等以改进的动态时间规整算法开发动作识别程序，实时地测定建筑工人的劳动时间。Khosrowpour[112] 等使用视频中获得的人体关键点信息来分析多个工人的活动、施工效率以及危险行为。张欢[113] 提出了基于 Kinect 传感器的工人数据，并用决策融合框架对工人的施工动作进行识别与估计。胡轩[114] 使用 REBA（快速全身肢体评估法），提取姿势数据用于工程现场的劳动工作姿态危险程度分析。针对建筑工人经常遭受各种肌肉骨骼疾病困扰的问题，可在深度相机的帮助下进行姿势采集以确保工人健康[115]。研究证实，依靠深度摄像机来获取人体关键点对于识别工人的活动可行[116]，但是当前基于关键点的活动识别需要依靠深度相机提取，成本高且测量距离有限。与普通摄像机获得图像数据信息进行工人活动分析相比，采用深度相机可获取工人关键点信息，其信息处理速度更快，而且关键点信息消除了多余的数据量[117]。

在基于普通相机进行智能监控方面，研究人员最初专注于将基于计算机视觉的基础方法应用于建筑工地的监控。Chi[118] 等采用空间建模和图像匹配算法在实验室环境中检测分析建筑工人；Park[119] 等使用背景差分法检测实际现场视频中的建筑工人；Chi[120] 等进一步测试了基于机器学习分类器的适用性（如神经网络）来分类各种建筑对象，包括工人、装载机和挖掘机等。上述方法基于帧间的变化检测图像，很难定位静态对象；为克服这种局限性，一些研究使用了滑动窗口法，可以对静止图像中的建筑对象进行分析。Rezazadeh[121] 等将方向梯度直方图方法与滑窗技术相整合，在土方工程施工期间能够识别自卸卡车是停止还是行驶；Memarzadeh[122] 等将滑动窗口技术用于多种建筑对象检测，包括工人、挖掘机、自卸卡车检测。上述方法为基于工人检测的方法，完成对象检测之后再对工人进行状态分析；目前的另一种分析方法为使用手工制作的局部特征进行状态分析，如采用密集轨迹[123] 和改善的密集轨迹[124] 进行工人动作状态识别，但是动作识别的准确性不足。近年来计算机视觉领域取得了显著进步技术，计算机视觉和模式识别已证明基于深度学习的方法优于传统机器学习方法（如支持向量机、线性回归和最近邻域模型），包括在图像分类[125] 及动作识别[126] 任务中。这是因为复杂神经网络，包括卷积神经网络（Convolutional Neural Network，CNN）和递归神经网络，具有更强大的特征提取能力用于判断输入数据（图像）与输出的关系（对象类别）。这些进步也将帮助研究人员开发更可靠的基于视觉的技术。Fang[127] 和 Kim[128] 等基于区域检测 CNN 网络检测施工工人和设备。Fang[129] 等通过使用更快的基于区域提名的卷积神经网络（Faster-RCNN）来研究工人安全帽佩戴的检测；研究人员利用 RGB 和光流图像获取时空信息，使用时间段网络（Temporal Segment Networks，TSN)[130] 方法，通过双流分析解决施工现场识别多个工人活动的问题；但这种方法需要连续光流的提取，大量的计算无法实现实时性，并且该方法不能自动化地跟踪工人，也不能自动识别和跟踪新加入的工人，需要手动添加。Deep-Pose[131] 被提出以来，传统的姿势估计方法已被基于深度学习的方法所替代。Li[132] 用 Res-TCN[128] 处理来自深度传感器的人体骨骼序列作为输入的动作识别，测试训练了大型三维关键点数据集 NTU RGB-D，结果显示对于大多数人类动作识别任务而言，深度信息的加入对识别准确度提升不大。

1.5 本书主要内容

建筑智能建造是一个新兴的学科交叉方向，目前国内外的相关研究均处于起步阶段，实践应用也很少。本书将介绍作者近年来在建筑智能设计、智能检测和施工智能监控方面的研究内容和初步成果，主要包括以下内容：

（1）混凝土结构与砌体墙的智能深化设计技术

混凝土结构及预制构件进行智能深化设计的基础数字化模型创建方法，包括 BIM 模型的数字化转换、栅格环境转换、边界条件和规范约束条件等。基于多智能体强化学习的混凝土框架节点和框架结构整体深化设计方法，基于生成式对抗网络和深度多智能体强化学习集成算法的复杂装配式外墙板深化设计方法，基于进化优化算法的混凝土框架节点和框架结构整体深化设计方法，基于进化算法的砌体墙智能砌块二维和三维排布方法等。

（2）基于激光扫描点云数据的建筑智能检测技术

预制混凝土构件及房屋整体点云数据的预处理技术、数据集制作技术、数据降噪方法、整体尺寸提取方法、细部尺寸提取方法、BIM 模型点云化技术等。针对构件表面平整度检测的模型离散化与法向量计算方法、模型与数据匹配方法、最近邻点搜索与偏差计算方法、可视化技术等；针对建筑整体表面平整度检测的语义分割方法、平面拟合与偏差计算方法、可视化技术等。针对可更换预制构件智能化施工的螺栓孔边界检测算法、圆孔拟合算法和精准定位集成算法等。

（3）施工现场智能化监控技术

施工现场的对象识别与工人安全措施智能识别技术，包括数据集搭建技术、深度学习算法目标检测算法在施工现场智能识别中的应用、基于视频数据的目标智能检测技术、智能识别系统的搭建方法等。工人施工状态识别和施工效率智能化统计技术，包括基于实时视频数据的人姿势估计算法和人关键点提取方法、基于多人跟踪算法的工人实时位置和关键点跟踪技术、基于关键点数据采用时间序列网络提取特征进行动作分析的方法，以及系统整体设计和测试技术等。

参考文献

［1］ AS I，PAL S，BASU P. Artificial intelligence in architecture：Generating conceptual design via deep learning ［J］. International Journal of Architectural Computing，2018，16（4）：306-327.

［2］ 张渝.物联网在建筑施工管理上的应用［J］.科技资讯，2020（6）：81-83.

［3］ 蔡诗瑶，马智亮.自动化与机器人技术在高层建筑主体结构施工中的应用综述［C］//中国图学学会 BIM 专业委员会.第四届全国 BIM 学术会议论文集.北京：中国建筑工业出版社，2018.

［4］ 杨军志.基于 BIM 与人工智能技术结合的智慧建筑综合管理平台［J］.智能建筑与智慧城市，2020 （2）：10-14.

［5］ 冯鹏，张汉青，孟鑫淼，等.3D 打印技术在工程建设中的应用及前景［J］.工业建筑，2019（12）： 154-165.

［6］ 刘念雄，张竞予，王珊珊，等.目标和效果导向的绿色住宅数据设计方法［J］.建筑学报，2019 （10）：103-109.

［7］ ANVARI B，ANGELOUDIS P，OCHIENG W Y. A multi-objective GA-based optimisation for holistic Manufacturing，transportation and Assembly of precast construction［J］. Automation in Construction，2016，71：226-241.

［8］ WANG Z，HU H. Dynamic response to demand variability for precast production rescheduling with multiple lines［J］. International Journal of Production Research，2018，56（16）：5386-5401.

［9］ BRE F，SILVA A S，GHISI E，et al. Residential building design optimisation using sensitivity analysis and genetic algorithm［J］. Energy and Buildings，2016，133：853-866.

［10］ 徐鹏.基于深度学习的结构健康监测［D］.广州：暨南大学，2017.

［11］ 周军红，高如国，栾公峰，等.智能化焊接机器人在建筑钢结构行业中的应用［J］.焊接技术，2020 （2）：73-75.

［12］ MANGAL M，CHENG J C P. Automated optimization of steel reinforcement in RC building frames using building information modeling and hybrid genetic algorithm［J］. Automation in Construction，2018，90：39-57.

［13］ WON J，CHENG J C P，LEE G. Quantification of construction waste prevented by BIM-based design validation：Case studies in South Korea［J］. Waste Management，2016，49：170-180.

［14］ BRYDE D，BROQUETAS M，VOLM J M. The project benefits of building information modelling （BIM）［J］. International journal of project management，2013，31（7）：971-80.

［15］ SUCCAR B. Building information modelling framework：A research and delivery foundation for industry stakeholders［J］. Automation in construction，2009，18（3）：357-375.

［16］ KAZAZ A，ULUBEYLI S. Physical factors affecting productivity of Turkish construction workers ［C］// Proceedings of the 22 nd Annual ARCOM Conference，2006.

［17］ JAILLON L，POON C-S，CHIANG Y. Quantifying the waste reduction potential of using prefabrication in building construction in Hong Kong［J］. Waste management，2009，29（1）：309-20.

［18］ YEE A A，ENG P H D. Social and environmental benefits of precast concrete technology［J］. PCI Journal，2001，46（3）：14-9.

［19］ SACKS R，EASTMAN C M，LEE G. Process model perspectives on management and engineering procedures in the precast/prestressed concrete industry［J］. Journal of construction engineering and management，2004，130（2）：206-15.

［20］ WANG Q，CHENG J C，SOHN H. Automated estimation of reinforced precast concrete rebar positions using colored laser scan data [J]. Computer-Aided Civil and Infrastructure Engineering, 2017, 32 (9): 787-802.

[21] 中华人民共和国住房和城乡建设部. 混凝土结构设计规范：GB 50010—2010 [S]. 北京：中国建筑工业出版社，2016.

[22] 中华人民共和国住房和城乡建设部. 建筑抗震设计规范：GB 50011—2010 [S]. 北京：中国建筑工业出版社，2016.

[23] STAUB-FRENCH S, KHANZODE A. 3D and 4D modeling for design and construction coordination: issues and lessons learned [J]. Journal of Information Technology in Construction (ITcon), 2007, 12 (26): 381-407.

[24] TABESH A R, STAUB-FRENCH S. Case study of constructability reasoning in MEP coordination [C] // Construction Research Congress 2005: Broadening Perspectives, 2005: 1-10.

[25] WANG L, LEITE F. Formalized knowledge representation for spatial conflict coordination of mechanical, electrical and plumbing (MEP) systems in new building projects [J]. Automation in Construction, 2016, 64: 20-26.

[26] ZHANG J, HU Z. BIM and 4D-based integrated solution of analysis and management for conflicts and structural safety problems during construction: 1. Principles and methodologies [J]. Automation in construction, 2011, 20 (2): 155-66.

[27] HU Z, ZHANG J. BIM and 4D-based integrated solution of analysis and management for conflicts and structural safety problems during construction: 2. Development and site trials [J]. Automation in Construction, 2011, 20 (2): 167-80.

[28] VAN DEN HELM P, BöHMS M, VAN BERLO L. IFC-based clash detection for the open-source BIMserver [C] //Computing in civil and building engineering, proceedings of the international conference. Nottingham: Nottingham University Press, 2010: 181.

[29] PARK U Y. BIM-based simulator for rebar placement [J]. 한국건축시공학회지 (JKIBC), 2012, 12 (1): 98-107.

[30] RADKE A M, WALLMARK T, TSENG M M. An automated approach for identification and resolution of spatial clashes in building design [C] // 2009 IEEE International Conference on Industrial Engineering and Engineering Management. IEEE, 2009: 2084-2088.

[31] BS B. Structural use of concrete, part 1-code of practice for design and construction [J]. British Standards Institution, UK, 1997.

[32] KIM M-K, WANG Q, LIH. Non-contact sensing based geometric quality assessment of buildings and civil structures: A review [J]. Automation in Construction, 2019, 100: 163-179.

[33] KOCH C, GEORGIEVA K, KASIREDDY V, et al. A review on computer vision based defect detection and condition assessment of concrete and asphalt civil infrastructure [J]. Advanced Engineering Informatics, 2015, 29 (2): 196-210.

[34] WANG Q, KIM M-K. Applications of 3D point cloud data in the construction industry: A fifteen-year review from 2004 to 2018 [J]. Advanced Engineering Informatics, 2019, 39: 306-319.

[35] MOHAN A, POOBAL S. Crack detection using image processing: A critical review and analysis [J]. Alexandria Engineering Journal, 2018, 57 (2): 787-798.

[36] LIU Z, SUANDI S A, OHASHI T, et al. Tunnel crack detection and classification system based on image processing [C] //Machine Vision Applications in Industrial Inspection X, 2002: 145-152.

[37] ABDEL-QADER I, ABUDAYYEH O, KELLY M E. Analysis of edge-detection techniques for crack identification in bridges [J]. Journal of Computing in Civil Engineering, 2003, 17 (4): 255-263.

[38] CANNY J. A Computational Approach to Edge Detection [J]. IEEE Transactions on Pattern Analysis and Machine Intelligence, 1986, PAMI-8 (6): 679-698.

[39] SOBEL I, FELDMAN G. An isotropic 3x3 image gradient operator for image processing [J]. Mach. Vis. Three-Dimens. Scenes, 1968 (June): 376-379.

[40] ABDEL-QADER I, PASHAIE-RAD S, ABUDAYYEH O, et al. PCA-based algorithm for unsupervised bridge crack detection [J]. Advances in Engineering Software, 2006, 37 (12): 771-778.

[41] PEARSON K. LIII. On lines and planes of closest fit to systems of points in space [J]. The London, Edinburgh, and Dublin Philosophical Magazine and Journal of Science, 2010, 2 (11): 559-572.

[42] HUTCHINSON T C, CHENZ. Improved image analysis for evaluating concrete damage [J]. Journal of Computing in Civil Engineering, 2006, 20 (3): 210-216.

[43] ADHIKARI R, MOSELHI O, BAGCHI A. Image-based retrieval of concrete crack properties for bridge inspection [J]. Automation in construction, 2014, 39: 180-194.

[44] YAMAGUCHI T, HASHIMOTO S. Fast crack detection method for large-size concrete surface images using percolation-based image processing [J]. Machine Vision and Applications, 2010, 21 (5): 797-809.

[45] IYER S, SINHA S K. Segmentation of pipe images for crack detection in buried sewers [J]. Computer-Aided Civil and Infrastructure Engineering, 2006, 21 (6): 395-410.

[46] SINHA S K, FIEGUTHP W. Segmentation of buried concrete pipe images [J]. Automation in Construction, 2006, 15 (1): 47-57.

[47] SUWWANAKARN S, ZHU Z, BRILAKIS I. Automated Air Pockets Detection for Architectural Concrete Inspection [C] //ASCE Construction Research Congress, 2007.

[48] ZHU Z, BRILAKIS I. Detecting air pockets for architectural concrete quality assessment using visual sensing [J]. Journal of Information Technology in Construction, 2008, 13 (7): 86-102.

[49] ZHU Z, BRILAKIS I. Machine Vision-Based Concrete Surface Quality Assessment [J]. Journal of Construction Engineering and Management, 2010, 136 (2): 210-218.

[50] CHAE M J, ABRAHAM D M. Neuro-fuzzy approaches for sanitary sewer pipeline condition assessment [J]. Journal of Computing in Civil engineering, 2001, 15 (1): 4-14.

[51] SINHA S K, FIEGUTH P W, POLAK M A. Computer vision techniques for automatic structural assessment of underground pipes [J]. Computer-Aided Civil and Infrastructure Engineering, 2003, 18 (2): 95-112.

[52] MOON H G, KIM J H. Intelligent crack detecting algorithm on the concrete crack image using neural network [C] //Proceedings of the 28th ISARC, 2011: 1461-1467.

[53] CHOUDHARY G K, DEY S. Crack detection in concrete surfaces using image processing, fuzzy logic, and neural networks [C] //2012 IEEE Fifth International Conference on Advanced Computational Intelligence (ICACI), 2012: 404-411.

[54] ZHANG L, YANG F, ZHANG Y D, et al. Road crack detection using deep convolutional neural network [C] // 2016 IEEE international conference on image processing (ICIP), 2016: 3708-3712.

[55] CHA Y J, CHOI W, BÜYÜKÖZTÜRK O. Deep learning-based crack damage detection using convolutional neural networks [J]. Computer-Aided Civil and Infrastructure Engineering, 2017, 32 (5): 361-378.

[56] YAO G, WEI F, YANG Y, et al. Deep-learning-based bughole detection for concrete surface image [J]. Advances in Civil Engineering, 2019, 2019: 1-12.

[57] WEI F, YAO G, YANG Y, et al. Instance-level recognition and quantification for concrete surface

bughole based on deep learning [J]. Automation in Construction, 2019, 107: 102920.

[58] KIM M K, SOHN H, CHANG C C. Automated dimensional quality assessment of precast concrete panels using terrestrial laser scanning [J]. Automation in Construction, 2014, 45: 163-177.

[59] SHIH N J, WANG P H. Using point cloud to inspect the construction quality of wall finish [C] // Proceedings of the 22nd eCAADe Conference, 2004: 573-578.

[60] BOSCHÉ F, GUENET E. Automating surface flatness control using terrestrial laser scanning and building information models [J]. Automation in Construction, 2014, 44: 212-226.

[61] BOSCHÉ F, BIOTTEAU B. Terrestrial laser scanning and continuous wavelet transform for controlling surface flatness in construction-A first investigation [J]. Advanced Engineering Informatics, 2015, 29 (3): 591-601.

[62] ACI. ACI 117-06-Specifications for Tolerances for Concrete Construction and Materials and Commentary [S]. Concrete International, 2006.

[63] ASTM. ASTM E1486-14-Standard Test Method for Determining Floor Tolerances Using Waviness [S]. Wheel Path and Levelness Criteria, 2014.

[64] PURI N, VALERO E, TURKAN Y, et al. Assessment of compliance of dimensional tolerances in concrete slabs using TLS data and the 2D continuous wavelet transform [J]. Automation in Construction, 2018, 94: 62-72.

[65] PURI N, TURKAN Y. A comparison of TLS-based and ALS-based techniques for Concrete Floor Waviness Assessment [C] // ISARC. Proceedings of the International Symposium on Automation and Robotics in Construction, 2019: 1142-1148.

[66] KIM M K, CHENG J C P, SOHN H, et al. A framework for dimensional and surface quality assessment of precast concrete elements using BIM and 3D laser scanning [J]. Automation in Construction, 2015, 49: 225-238.

[67] KIM M K, SOHN H, CHANG C-C. Localization and Quantification of Concrete Spalling Defects Using Terrestrial Laser Scanning [J]. Journal of Computing in Civil Engineering, 2015, 29 (6).

[68] WANG Q, KIM M K, SOHN H, et al. Surface flatness and distortion inspection of precast concrete elements using laser scanning technology [J]. Smart Structures and Systems, 2016, 18 (3): 601-623.

[69] LI D, LIU J, FENG L, et al. Terrestrial Laser Scanning Assisted Flatness Quality Assessment for Two Different Types of Concrete Surfaces [J]. Measurement, 2020: 107436.

[70] TEZA G, GALGARO A, MORO F. Contactless recognition of concrete surface damage from laser scanning and curvature computation [J]. NDT & E International, 2009, 42 (4): 240-249.

[71] TANG P, HUBER D, AKINCI B. Characterization of laser scanners and algorithms for detecting flatness defects on concrete surfaces [J]. Journal of Computing in Civil Engineering, 2011, 25 (1): 31-42.

[72] LIU W, CHEN S, HAUSER E. LiDAR-based bridge structure defect detection [J]. Experimental Techniques, 2011, 35 (6): 27-34.

[73] ERKAL B G, HAJJAR J F. Laser-based surface damage detection and quantification using predicted surface properties [J]. Automation in Construction, 2017, 83: 285-302.

[74] TURKAN Y, HONG J, LAFLAMME S, et al. Adaptive wavelet neural network for terrestrial laser scanner-based crack detection [J]. Automation in Construction, 2018, 94: 191-202.

[75] PARK H S, LEE H, ADELI H, et al. A new approach for health monitoring of structures: terrestrial laser scanning [J]. Computer-Aided Civil and Infrastructure Engineering, 2007, 22 (1):

19-30.

[76] Bosché F. Automated recognition of 3D CAD model objects in laser scans and calculation of as-built dimensions for dimensional compliance control in construction [J]. Advanced Engineering Informatics, 2010, 24 (1): 107-118.

[77] CABALEIRO M, RIVEIRO B, ARIAS P, et al. Automatic 3D modelling of metal frame connections from LiDAR data for structural engineering purposes [J]. ISPRS Journal of Photogrammetry and Remote Sensing, 2014, 96: 47-56.

[78] CABALEIRO M, RIVEIRO B, ARIAS P, et al. Algorithm for beam deformation modeling from LiDAR data [J]. Measurement, 2015, 76: 20-31.

[79] BORRMANN D, ELSEBERG J, LINGEMANN K, et al. The 3D Hough Transform for plane detection in point clouds: A review and a new accumulator design [J]. 3D Research, 2011, 2 (2): 3.

[80] Solidworks 2019 [EB/OL]. [2020-12-01]. https://www.solidworks.com/zhhans/product/ solidworks-3d-cad.

[81] LIU J, ZHANG Q, WU J, et al. Dimensional accuracy and structural performance assessment of spatial structure components using 3D laser scanning [J]. Automation in Construction, 2018, 96: 324-336.

[82] GUO J, WANG Q, PARK J H. Geometric quality inspection of prefabricated MEP modules with 3D laser scanning [J]. Automation in Construction, 2020, 111: 103053.

[83] KIM M K, WANG Q, PARK J W, et al. Automated dimensional quality assurance of full-scale precast concrete elements using laser scanning and BIM [J]. Automation in Construction, 2016, 72: 102-114.

[84] WANG Q, KIM M K, CHENG J C P, et al. Automated quality assessment of precast concrete elements with geometry irregularities using terrestrial laser scanning [J]. Automation in Construction, 2016, 68: 170-182.

[85] WANG Q, SOHN H, CHENG J C P. Automatic As-Built BIM Creation of Precast Concrete Bridge Deck Panels Using Laser Scan Data [J]. Journal of Computing in Civil Engineering, 2018, 32 (3): 04018011.

[86] WANG Q, SOHN H, CHENG J C P. Development of high-accuracy edge line estimation algorithms using terrestrial laser scanning [J]. Automation in Construction, 2019, 101: 59-71.

[87] TAMAI S, YAGATA Y, HOSOYA T. New technologies in fabrication of steel bridges in Japan [J]. Journal of Constructional Steel Research, 2002, 58 (1): 151-192.

[88] CASE F, BEINAT A, CROSILLA F, et al. Virtual trial assembly of a complex steel structure by Generalized Procrustes Analysis techniques [J]. Automation in Construction, 2014, 37: 155-165.

[89] NAHANGI M, YEUNG J, HAAS C T, et al. Automated assembly discrepancy feedback using 3D imaging and forward kinematics [J]. Automation in Construction, 2015, 56: 36-46.

[90] RAUSCH C, NAHANGI M, PERREAULT M, et al. Optimum Assembly Planning for Modular Construction Components [J]. Journal of Computing in Civil Engineering, 2017, 31 (1): 4016039.

[91] RAUSCH C, NAHANGI M, HAAS C, et al. Kinematics chain based dimensional variation analysis of construction assemblies using building information models and 3D point clouds [J]. Automation in Construction, 2017, 75: 33-44.

[92] RAUSCH C, NAHANGI M, HAAS C, et al. Monte Carlo simulation for tolerance analysis in prefabrication and offsite construction [J]. Automation in Construction, 2019, 103: 300-314.

[93] ZHOU Y, WANG W, LUO H, et al. Virtual pre-assembly for large steel structures based on BIM,

PLP algorithm, and 3D measurement [J]. Frontiers of Engineering Management, 2019, 6 (2): 207-220.

[94] YiNG C, ZHOU Y, HAN D, et al. Applying BIM and 3D laser scanning technology on virtual pre-assembly for complex steel structure in construction [C] //IOP Conference Series: Earth and Environmental Science, 2019: 022036.

[95] KELM A, LAUßAT L, MEINS-BECKER A, et al. Mobile passive Radio Frequency Identification (RFID) portal for automated and rapid control of Personal Protective Equipment (PPE) on construction sites [J]. Automation in construction, 2013, 36: 38-52.

[96] TEIZER J, ALLREAD B S, FULLERTON C E, et al. Autonomous pro-active real-time construction worker and equipment operator proximity safety alert system [J]. Automation in construction, 2010, 19 (5): 630-640.

[97] ZHANG H, YAN X, LI H, et al. Real-time alarming, monitoring, and locating for non-hard-hat use in construction [J]. Journal of construction engineering and management, 2019, 145 (3): 04019006.

[98] ALSHIBANI A, MOSELHI O. Productivity based method for forecasting cost & time of earthmoving operations using sampling GPS data [J]. ITcon, 2016, 21: 39-56.

[99] PRADHANANGA N, TEIZER J. Cell-based construction site simulation model for earthmoving operations using real-time equipment location data [J]. Visualization in Engineering, 2015, 3 (1): 1-16.

[100] MONTASER A, MOSELHI O. Truck+ for earthmoving operations [J]. Journal of Information Technology in Construction (ITcon), 2014, 19 (25): 412-433.

[101] AKHAVIAN R, BEHZADAN A H. Construction equipment activity recognition for simulation input modeling using mobile sensors and machine learning classifiers [J]. Advanced Engineering Informatics, 2015, 29 (4): 867-877.

[102] AKHAVIAN R, BEHZADAN A H. Smartphone-based construction workers' activity recognition and classification [J]. Automation in Construction, 2016, 71: 198-209.

[103] CHENG T, TEIZER J, MIGLIACCIO G C, et al. Automated task-level activity analysis through fusion of real time location sensors and worker's thoracic posture data [J]. Automation in Construction, 2013, 29: 24-39.

[104] 陈进军. 基于 ZigBee 技术的建筑工人生产能力数据采集系统设计 [D]. 长沙: 中南大学, 2015.

[105] 强茂山, 张东成, 江汉臣. 基于加速度传感器的建筑工人施工行为识别方法 [J]. 清华大学学报（自然科学版）, 2017, 057 (012): 1338-1344.

[106] 白正宗, 袁永博, 张明媛. 基于智能手机的建筑工人躯干姿势危险评估方法 [J]. 中国安全科学学报, 2018 (01): 81-86.

[107] 杜成飞. 基于机器学习的铁路工务人员行为识别方法 [J]. 计算机系统应用, 2019 (7): 199-205.

[108] HAN S, LEE S. A vision-based motion capture and recognition framework for behavior-based safety management [J]. Automation in Construction, 2013, 35: 131-141.

[109] KIM J Y, CALDAS C H. Vision-based action recognition in the internal construction site using interactions between worker actions and construction objects [C] //ISARC. Proceedings of the International Symposium on Automation and Robotics in Construction, 2013: 1.

[110] WEERASINGHE I T, RUWANPURA J Y, BOYD J E, et al. Application of Microsoft Kinect sensor for tracking construction workers [C] //Construction Research Congress 2012: Construction Challenges in a Flat World, 2012: 858-867.

17

[111] 罗德焕. 基于计算机视觉的建筑工人劳动状态分析 [D]. 广州：华南理工大学，2019.

[112] KHOSROWPOUR A，NIEBLES J C，GOLPARVAR-FARD M. Vision-based workface assessment using depth images for activity analysis of interior construction operations [J]. Automation in Construction，2014，48：74-87.

[113] 张欢. 基于 Kinect 的工人操作估计 [J]. 电脑知识与技术，2018，014（008）：182-184.

[114] 胡轩，李洋. 基于 Kinect 的施工过程危险性评估 [C] //北京力学会第二十四届学术年会会议论文集，2018.

[115] DZENG R J，HSUEH H H，HO C. Automated Posture Assessment for construction workers [C] // 2017 40th International Convention on Information and Communication Technology，Electronics and Microelectronics（MIPRO），2017：1027-1031.

[116] GATT T，SEYCHELL D，DINGLI A. Detecting human abnormal behaviour through a video generated model [C] //2019 11th International Symposium on Image and Signal Processing and Analysis（ISPA），2019：264-270.

[117] OKUMURA T，URABE S，INOUE K，et al. Cooking activities recognition in egocentric videos using hand shape feature with openpose [C] //Proceedings of the Joint Workshop on Multimedia for Cooking and Eating Activities and Multimedia Assisted Dietary Management，2018：42-45.

[118] CHI S，CALDAS C H，KIMD Y. A methodology for object identification and tracking in construction based on spatial modeling and image matching techniques [J]. Computer-Aided Civil and Infrastructure Engineering，2009，24（3）：199-211.

[119] PARK M-W，BRILAKIS I. Construction worker detection in video frames for initializing vision trackers [J]. Automation in Construction，2012，28：15-25.

[120] CHI S，CALDAS C H. Automated object identification using optical video cameras on construction sites [J]. Computer-Aided Civil and Infrastructure Engineering，2011，26（5）：368-380.

[121] REZAZADEH AZAR E，MCCABE B. Automated visual recognition of dump trucks in construction videos [J]. Journal of computing in civil engineering，2012，26（6）：769-781.

[122] MEMARZADEH M，GOLPARVAR-FARD M，NIEBLES J C. Automated 2D detection of construction equipment and workers from site video streams using histograms of oriented gradients and colors [J]. Automation in Construction，2013，32：24-37.

[123] YANG J，PARK M-W，VELA P A，et al. Construction performance monitoring via still images，time-lapse photos，and video streams：Now，tomorrow，and the future [J]. Advanced Engineering Informatics，2015，29（2）：211-224.

[124] SEO J，LEE S，SEO J. Simulation-based assessment of workers' muscle fatigue and its impact on construction operations [J]. Journal of Construction Engineering and Management，2016，142（11）：04016063.

[125] KRIZHEVSKY A，SUTSKEVER I，HINTON G E. Imagenet classification with deep convolutional neural networks [C] //Advances in neural information processing systems，2012：1097-1105.

[126] DONAHUE J，ANNE HENDRICKS L，GUADARRAMA S，et al. Long-term recurrent convolutional networks for visual recognition and description [C] //Proceedings of the IEEE conference on computer vision and pattern recognition，2015：2625-2634.

[127] FANG W，DING L，ZHONG B，et al. Automated detection of workers and heavy equipment on construction sites：A convolutional neural network approach [J]. Advanced Engineering Informatics，2018，37：139-149.

[128] KIM H，BANG S，JEONG H，et al. Analyzing context and productivity of tunnel earthmoving

processes using imaging and simulation [J]. Automation in Construction, 2018, 92: 188-198.

[129] FANG Q, LI H, LUO X, et al. Detecting non-hardhat-use by a deep learning method from far-field surveillance videos [J]. Automation in Construction, 2018, 85: 1-9.

[130] LUO X, LI H, CAO D, et al. Towards efficient and objective work sampling: Recognizing workers' activities in site surveillance videos with two-stream convolutional networks [J]. Automation in Construction, 2018, 94: 360-370.

[131] TOSHEV A, SZEGEDY C. Deeppose: Human pose estimation via deep neural networks [C] // Proceedings of the IEEE conference on computer vision and pattern recognition, 2014: 1653-1660.

[132] LI S Q. Human Robot Interaction on Gesture Control Drone: Methods of Gesture Action Interaction [D]. Maryland: University of Maryland, 2018.

2 混凝土构件智能深化设计的基础数字模型

针对钢筋混凝土构件中的钢筋碰撞、钢筋与预埋件碰撞问题，本章将首先研究如何将混凝土梁柱节点内和装配式外墙板内的钢筋避障排布设计问题转化为多智能体路径规划问题，包括钢筋排布与避障方法问题描述，创建适合于多智能体路径规划的混凝土框架梁柱节点基础数字模型的方法，以及混凝土框架和装配式混凝土外墙板的基础数字模型创建方法等。本章的研究内容为钢筋混凝土结构及其预制构件的智能深化设计奠定了数字模型基础。

2.1 钢筋排布与避障方法——多智能体路径规划

对于实际的钢筋混凝土结构或预制混凝土构部件，无碰撞的钢筋设计问题可以被转化为多智能体路径规划问题以实现钢筋排布与避障。通过将每个钢筋抽象为智能体，将钢筋设计问题建模为多智能体系统的路径规划问题，多智能体在钢筋混凝土结构中从起点安全地导航到已定义的目标点，通过智能体走过的路径即可生成钢筋的具体形状，从而完成钢筋的智能深化设计工作。以钢筋混凝土梁柱节点的梁柱纵筋深化设计任务为例，此任务中，在 2D 环境下，智能体可以选择向前、向左和向右三个动作，而在 3D 环境下，智能体可以选择五个动作，即在单位离散时间步长选择向上、向下、向前、向左和向右，如图 2.1-1 所示。智能体的任务是在规定的时间内成功地通过梁柱节点到达指定的目标，途中需自动绕过柱中纵筋和另外方向梁纵筋等障碍。使用上述多智能体路径规划，通过收集

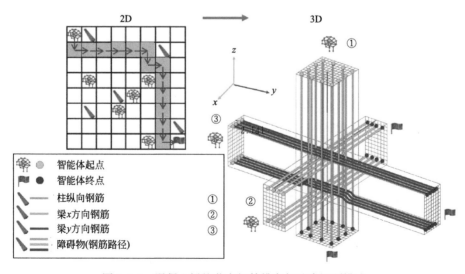

图 2.1-1 混凝土梁柱节点钢筋排布与避障问题描述

智能体的轨迹，即可得到无碰撞钢筋的具体形状。

钢筋混凝土梁柱节点中的钢筋深化设计过程，可分为三个阶段（图 2.1-1）：（1）柱中的纵向钢筋被视为一组智能体，从起点导航到定义的终点，中途穿过三维梁柱节点，此阶段节点区域没有其他钢筋障碍物；（2）将 x 方向梁的纵向钢筋视为一组智能体，将柱内纵筋和箍筋视为障碍物；（3）将 y 方向梁的纵筋视为一组智能体，将柱内和 x 方向的钢筋视为障碍物。完成三个阶段的钢筋碰撞检测和自动避障后，节点区梁柱纵筋的智能深化设计工作就基本完成。

2.2 混凝土框架梁柱节点的基础数字模型

2.2.1 混凝土框架梁柱节点环境转换

为实施多智能体路径规划，必须将建筑信息模型内的钢筋混凝土构件转化为栅格化环境以表示基础数字模型，因此将构件的 BIM 模型转化为栅格环境以代表模型的几何信息和已知边界条件，如图 2.2-1 所示。每次任务中，智能体的起点终点间距需满足 $S_{\text{ht,max}}$，$S_{\text{ht,min}}$（S_{ht} 为纵向受拉钢筋的水平间距）和 $S_{\text{hc,max}}$，$S_{\text{hc,min}}$（S_{hc} 为纵向受压钢筋的水平间距）的要求。

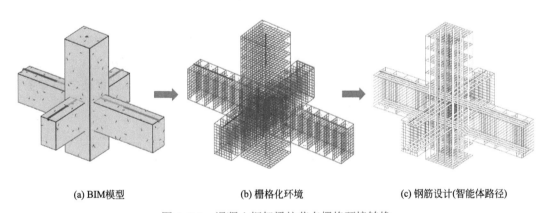

(a) BIM模型   (b) 栅格化环境   (c) 钢筋设计(智能体路径)

图 2.2-1　混凝土框架梁柱节点栅格环境转换

环境中的每个小栅格都是相同大小的正方形栅格，边长 D_i 可以计算为：

$$D_i = \max(d_c, d_t) \tag{2.2-1}$$

式中，d_c 表示梁或柱内的纵向受压钢筋的直径，d_t 表示梁或柱内纵向受拉钢筋的直径。为了确保梁柱节点栅格环境转化的准确性，保证每个钢筋位于小正方形栅格的范围内，每个小正方形栅格的尺寸必须大于钢筋的最大直径。

因此，栅格环境的尺寸 S_z 取决于钢筋混凝土构件的尺寸 D 和每个小正方形栅格的尺寸 D_i：

$$S_z = floor(D/D_i) \tag{2.2-2}$$

式中 D 表示钢筋混凝土构件的尺寸，可以是钢筋混凝土构件的长度、宽度或高度，$floor（）$表示取整函数以限制栅格环境的尺寸 S_z 的范围。

2.2.2 钢筋混凝土梁内的钢筋间距要求

根据我国《混凝土结构设计规范》GB 50010—2010[1]，在进行钢筋混凝土构件的钢筋深化设计时，有三个主要考虑的变量（图 2.2-2）：（1）纵向受拉钢筋的横截面积（A_s）；（2）纵向受压钢筋的横截面积（A_s'）；（3）箍筋的横截面积（A_{sv}）。这三个变量的计算取决于构件的受力或构造等方面的参数[2]。

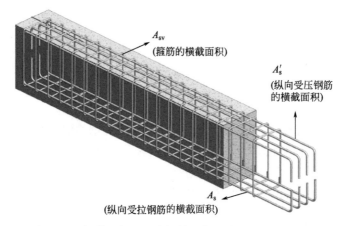

图 2.2-2 钢筋混凝土梁内钢筋深化设计的三个主要变量

为保持混凝土浇筑的可行性并保证钢筋周围混凝土的和易性，根据《混凝土结构设计规范》GB 50010—2010[1]，纵向钢筋的间距应保证 $S_{hc} \geqslant 30$ 且 $S_{hc} \geqslant 1.5d_{c,max}$，$S_{ht} \geqslant 25$ 且 $S_{ht} \geqslant d_{t,max}$，如图 2.2-3 所示。当纵向钢筋的层数大于等于两层时，两层钢筋之间有垂直

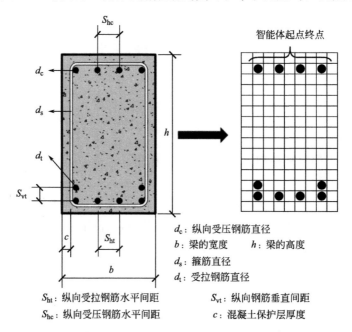

d_c：纵向受压钢筋直径
b：梁的宽度　　h：梁的高度
d_s：箍筋直径
d_t：受拉钢筋直径

S_{ht}：纵向受拉钢筋水平间距　　　　S_{vt}：纵向钢筋垂直间距
S_{hc}：纵向受压钢筋水平间距　　　　c：混凝土保护层厚度

图 2.2-3 钢筋混凝土梁内钢筋间距、智能体起点终点以及栅格环境的转换

距离要求，其垂直距离 S_{vt} 的要求是：$S_{vt} \geqslant 25$ 且 $S_{vt} \geqslant d_{t,max}$。

A_s 是纵向受拉钢筋的横截面积，可由公式（2.2-3）计算：

$$A_s = \sum_{i=1}^{N_t} \frac{\pi \cdot d_{t,i}^2}{4} \tag{2.2-3}$$

式中 $d_{t,i}$ 是钢筋混凝土构件中第 i 根纵向受拉钢筋的直径；N_t 是受拉钢筋的总根数（$n_{t,min} \leqslant N_t \leqslant n_{t,max}$）。

$$n_{t,min} = \frac{b - 2 \cdot c}{S_{ht,max}} \tag{2.2-4}$$

$$n_{t,max} = \frac{b - 2 \cdot c}{S_{ht,min}} \tag{2.2-5}$$

式中 b 是钢筋混凝土梁的宽度；c 是混凝土保护层厚度；$S_{ht,max}$ 和 $S_{ht,min}$ 是纵向受拉钢筋的最大和最小间距。在多智能体路径规划中，$S_{ht,max}$ 和 $S_{ht,min}$ 被用来确定每次路径规划任务中智能体的起点和终点。

与 A_s 相似，A_s' 是纵向受压钢筋的横截面积，可由公式（2.2-6）计算：

$$A_s' = \sum_{i=1}^{N_t} \frac{\pi \cdot d_{c,i}^2}{4} \tag{2.2-6}$$

式中 $d_{c,i}$ 是钢筋混凝土构件中第 i 根纵向受压钢筋的直径；N_c 是受压钢筋的总根数（$n_{c,min} \leqslant N_c \leqslant n_{c,max}$）。

$$n_{c,min} = \frac{b - 2 \cdot c}{S_{hc,max}} \tag{2.2-7}$$

$$n_{c,max} = \frac{b - 2 \cdot c}{S_{hc,min}} \tag{2.2-8}$$

式中 $S_{hc,max}$ 和 $S_{hc,min}$ 是纵向受压钢筋的最大和最小间距。在多智能体路径规划任务中，$S_{hc,max}$ 和 $S_{hc,min}$ 被用来确定每次路径规划任务中智能体的起点和终点。

箍筋的横截面积 A_{sv}，为梁的同一截面内的总箍筋面积，可由公式（2.2-9）计算：

$$A_{sv} = n_s \cdot A_{svl} = n_s \cdot \frac{\pi \cdot d_{s,i}^2}{4} \tag{2.2-9}$$

式中 n_s 是钢筋混凝土构件内同一截面内箍筋的根数；$d_{s,i}$ 是钢筋混凝土构件中第 i 根箍筋的直径。

2.2.3 钢筋混凝土柱内的钢筋间距要求

钢筋混凝土柱内钢筋设计考虑的三个主要变量（图 2.2-4）与梁内钢筋设计相似。根据《混凝土结构设计规范》GB 50010—2010[1]，纵向钢筋的间距 S_h 应保证 $50mm \leqslant S_h \leqslant 300mm$；当柱的宽度 $b \geqslant 400mm$，纵向钢筋的间距 S_h 应保证 $S_h \leqslant 200mm$。

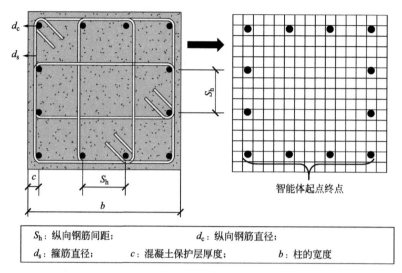

S_h：纵向钢筋间距；	d_c：纵向钢筋直径；
d_s：箍筋直径；	c：混凝土保护层厚度；　　　　　　　b：柱的宽度

图 2.2-4　钢筋混凝土柱内钢筋间距、智能体起点终点以及栅格环境的转换

2.3　混凝土框架结构的基础数字模型

为实施多智能体路径规划，必须将建筑信息模型内的钢筋混凝土框架转化为栅格化环境，包括模型的几何信息和已知边界条件以表示基础数字模型，如图 2.3-1 所示，其中主要分为两个模块：BIM 模型信息提取和结构类型分析。

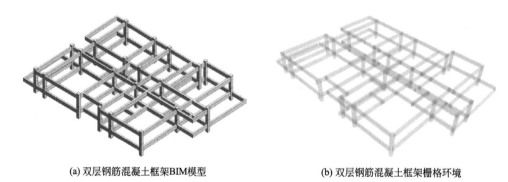

(a) 双层钢筋混凝土框架BIM模型　　　　　　　　(b) 双层钢筋混凝土框架栅格环境

图 2.3-1　双层钢筋混凝土框架基础数字模型

2.3.1　BIM 模型信息提取

BIM 模型中的荷载信息、物理信息、材料信息等被提取出作为建立混凝土框架结构的基础数字模型。荷载信息是混凝土构件所承受的荷载情况，物理信息是混凝土构件的支撑情况和几何属性，材料信息是混凝土和钢筋强度等。

Autodesk Revit[3] 模型中的信息可以通过应用程序接口（Application Programming Interface，API）[4] 或者配套的 Dyanmo[5] 进行提取。在本书所提的方法中，梁或柱模型可以通过 Dyanmo 中的 All Elements of Category 模块被批量选中，然后通过 Dyanmo 中

构件属性操作 Element. GetLocation 和 Element. Parameters，相应的构件模型信息如截面面积、长度、保护层厚度、排布的起点和终点等可以被提取并转化为通用的格式，包括可延伸标记语言（Extensible Markup Language，XML）、Microsoft Excel 或 CSV，以便于进一步分析。例如，对于一个梁柱节点，该程序在 1s 之内就可以把 BIM 内的信息转化为 CSV 文件；至于在本书中作为实验案例的两层钢筋混凝土框架的信息提取，也只需 5～6s 即可完成。

2.3.2　结构类型分析

根据梁柱的定位和连接信息，钢筋混凝土框架中每一层不同类型的梁、柱和连接节点被分类为特定的结构类型。分类后的结构形式会进一步用于后续的分析计算。结构类型由钢筋混凝土梁柱的连接形式所确定。在 BIM 模型信息抽取模块中，可提取钢筋混凝土构件的模型几何信息及其定位点。根据构件的定位点和梁柱之间的连接关系，可以计算得到在一个定位点上连接的梁柱数目。之后根据钢筋混凝土框架的层级和梁柱连接关系，应用规则对钢筋混凝土构件进行分类，例如一根柱和三根梁连接在同一个定位点，那么这个梁柱节点分类为 T 形梁柱节点。对于更复杂的结构形式，使用机器学习的分类方法可以实现更为准确的分类目标。

钢筋混凝土框架内分为不同种类的结构构件，包括梁、柱、梁柱节点、主次梁节点等，如图 2.3-2 所示。为实现无碰撞的自动钢筋设计，在所提出的方法中一共考虑 15 种不同类型的结构构件，且对该钢筋混凝土框架进行了分层分析。

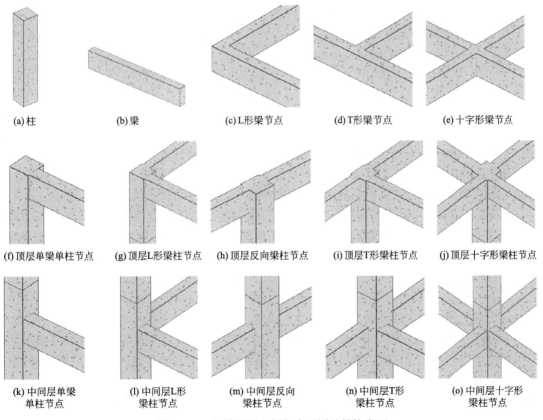

(a)柱　　(b)梁　　(c)L形梁节点　　(d)T形梁节点　　(e)十字形梁节点

(f)顶层单梁单柱节点　　(g)顶层L形梁柱节点　　(h)顶层反向梁柱节点　　(i)顶层T形梁柱节点　　(j)顶层十字形梁柱节点

(k)中间层单梁单柱节点　　(l)中间层L形梁柱节点　　(m)中间层反向梁柱节点　　(n)中间层T形梁柱节点　　(o)中间层十字形梁柱节点

图 2.3-2　钢筋混凝土框架内不同的结构类型

2.4 装配式混凝土外墙板的基础数字模型

2.4.1 装配式混凝土外墙板钢筋排布与避障问题描述

本章前几节中将混凝土框架梁柱节点钢筋智能避障问题，转化为多智能体路径规划问题。针对构造更为复杂的装配式构件，例如异形的装配式混凝土外墙板，其钢筋避障排布设计问题也可以转化为多智能体路径规划问题。装配式混凝土外墙板通常由内外层混凝土墙板、夹心保温层和用于连接内外层墙板的预埋件组成，如图 2.4-1 所示。

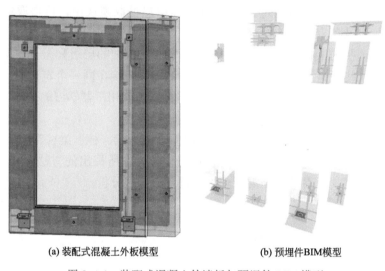

(a) 装配式混凝土外板模型   (b) 预埋件BIM模型

图 2.4-1　装配式混凝土外墙板与预埋件 BIM 模型

装配式混凝土外墙板钢筋设计问题与梁柱节点内钢筋设计问题最大的不同在于：（1）装配式混凝土外墙板的整体几何造型更为复杂，且内部的保温层和预埋件均为异形构件，如何准确地描述这些几何信息并创建适合于多智能体路径规划问题的栅格环境，是需要另外解决的关键问题；（2）装配式混凝土外墙板的尺寸比梁柱节点的尺寸大一个量级，导致钢筋排布有效解的搜索空间成指数级别增大，需要鲁棒性更强的算法进行求解。

首先，装配式外墙板的 BIM 模型可以划分为保温层、混凝土边界以及预埋件三个部分[6]，其中保温层和预埋件都可以当作钢筋排布设计时的障碍物，钢筋只能在混凝土边界范围内进行排布，如图 2.4-2 所示。其次，对装配式外墙板的 BIM 模型内的几何信息进行抽取，转化为栅格环境以代表混凝土边界，保温层和预埋件等几何造型和具体尺寸；图 2.4-2 中的灰色方块即为转化后的栅格环境。由于装配式外墙板在垂直方向上为变截面的造型，底部为四边形，逐渐上升到顶部为五边形，因此需要在垂直方向上每隔一段距离，对 BIM 模型进行切片（图 2.4-2），再由多个二维栅格环境组成完整的三维栅格环境。当三维栅格环境建立完成之后，通过将每个钢筋抽象为强化学习的智能体，将钢筋设计问题建模为多智能体系统的路径规划问题；多智能体在混凝土边界内从起点（蓝色圆点）安全地导航到已定义的终点（红色圆点），根据智能体走过的路径（绿色线段）即可生成钢筋的具体形状。

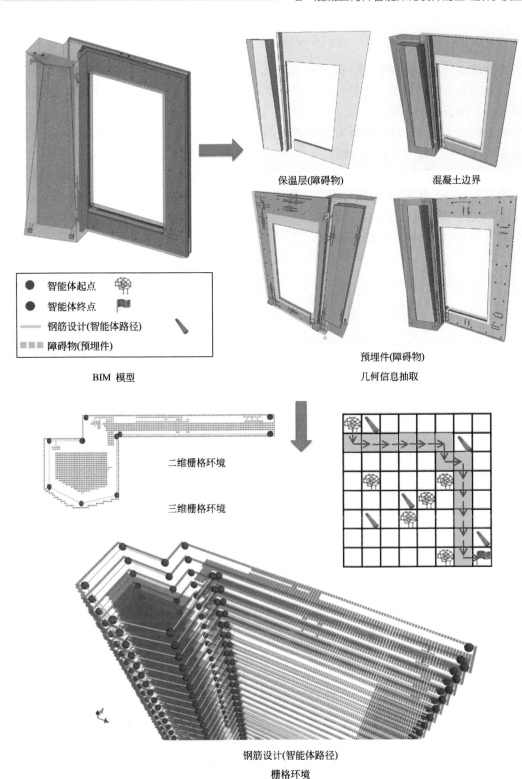

图 2.4-2 装配式混凝土外墙板钢筋排布与避障问题描述

2.4.2 装配式混凝土外墙板环境转换

为实施多智能体路径规划，必须将装配式混凝土外墙板转化为能准确代表其几何信息、已知边界条件（混凝土边界）和内部构件（保温层、预埋件和混凝土边界）之间的相对位置信息的栅格化环境，如图 2.4-3 所示。首先通过 Autodesk Revit 中的 Dynamo 在垂直方向上创建一系列的栅格矩形对装配式混凝土外墙板 BIM 模型进行切片，即每个细小的栅格矩形（在 Revit 中表示为面，Surface）与混凝土边界（在 Revit 中表示为面，Surface）或保温层、预埋件（在 Revit 中表示为实体，Solid）进行几何相交的布尔计算，相交则表示为 true，不相交则为 false。如图 2.4-4 所示，有 6210 个小栅格矩阵（Surface）与 148 个实体（Solid）进行相交计算，得到一个表示栅格与实体相交情况的布尔矩阵，矩阵的维度为 6210×148，即 919080 个元素。

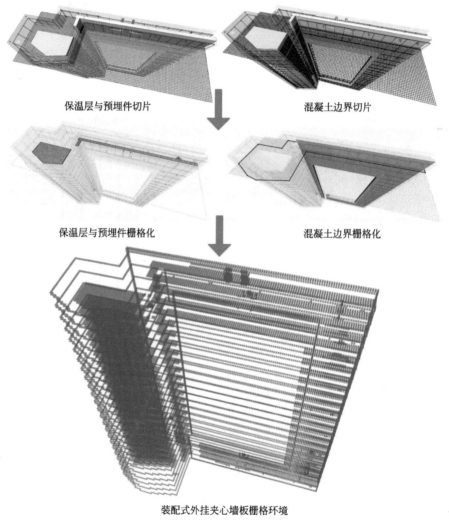

保温层与预埋件切片   混凝土边界切片

保温层与预埋件栅格化   混凝土边界栅格化

装配式外挂夹心墙板栅格环境

图 2.4-3 装配式混凝土外墙板栅格环境转换

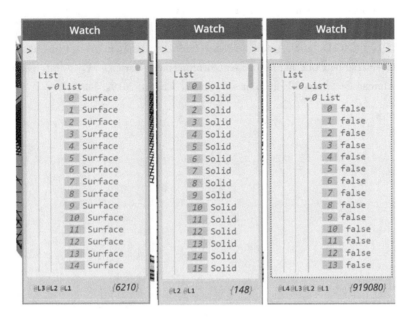

图 2.4-4 布尔几何相交计算

2.5 本章小结

本章主要从混凝土梁柱节点、混凝土框架和装配式外墙板内的三维空间钢筋避障排布设计问题出发,将钢筋智能深化设计问题建模为多智能体系统的路径规划问题,并予以解决。为顺利实施多智能体路径规划,需将建筑信息模型 BIM 内的钢筋混凝土构件转化为基础数字模型,因此将钢筋混凝土构件的 BIM 模型转化为栅格环境以代表模型的几何信息、已知边界条件等,同时基础数字模型还需满足设计规范要求。针对构造更为复杂且尺寸更大的装配式外挂夹心墙板中的多智能体路径规划问题,以及其内部的保温层和预埋件均为异形构件,钢筋排布设计繁复且难以总结转化为计算机语言的明确设计规范或规则问题,提出了准确描述几何信息的方法。

参考文献

[1] 中华人民共和国住房和城乡建设部. 钢筋混凝土设计规范:GB 50010—2010 [S]. 北京:中国建筑工业出版社,2010.

[2] MANGAL M,CHENG J C P. Automated optimization of steel reinforcement in RC building frames using building information modeling and hybrid genetic algorithm [J]. Automation in Construction,2018,90:39-57.

[3] AUTODESK. Revit 2019 [EB/OL].[2020-06-20]. https://www. autodesk. in/products/revit/overview.

[4] AUTODESK. Revit api developers guide [EB/OL].[2020-06-20]. https://help. autodesk. com/view/RVT/2019/CHS/? guid=Revit_API_Revit_API_Developers_Guide_html.

［5］ DYNAMO PRIMER. The anatomy of Dynamo ［EB/OL］. ［2020-06-20］. https：//primer. dynamo-bim. org/.

［6］ LIU P，LIU J，FENG L，et al. Automated clash free rebar design in precast concrete exterior wall via generative adversarial network and multi-agent reinforcement learning ［C］ //International Conference on Applied Human Factors and Ergonomics. Springer，Cham，2019：546-558.

3 基于多智能体强化学习的混凝土构件深化设计

为解决钢筋混凝土构件中的钢筋碰撞、钢筋与预埋件碰撞问题，本章在建立数字模型的基础上，研究如何运用多智能体强化学习进行多智能体路径规划以解决混凝土梁柱节点内和装配式外墙板内的钢筋避障排布设计问题，包括混凝土框架梁柱节点的智能深化设计方法、混凝土框架结构的智能深化设计方法、并开发出装配式混凝土外墙板的智能深化设计方法和软件。

3.1 混凝土框架梁柱节点的智能深化设计方法

3.1.1 强化学习基本原理

强化学习是机器学习的重要分支，主要用于解决序列决策（Sequential Decision）问题，强化学习[1]实施过程中需创建一个或多个智能体，该智能体通过从环境中获得动作反馈（惩罚和奖励）来学习，然后调整其行为。强化学习遵循马尔可夫决策过程（Markov Decision Process，MDP）的框架，智能体（Agent）在时间 t 处于一个状态（State）S_t，在此状态 S_t 下采用动作（Action）A_t 并得到环境（Environment）反馈的奖励（Reward）R_{t+1}，然后更新状态 S_{t+1}，以此进行循环学习，如图 3.1-1 所示。在每个周期中，智能体从其环境中获取代表当前状态的信息；根据当前状态、习得的知识和目标，智能体选择并执行最适当的动作；通过从环境中获得有关反馈的奖励，智能体可以学会一个策略 π 以调整其行为获得积极奖励并避免受到惩罚，其目标是折算累计奖励（Discounted Cumulative Reward）的期望最大。如何将现实环境转化为数字环境且具有清晰明确的奖励是强化学习应用的关键。在强化学习中，智能体与环境交互的过程可以用马尔可夫决策过程 MDP[2] 进行建模。马尔可夫决策过程 MDP 是序列决策过程的数学模型，一般用于具备马尔科夫性的环境中，是智能推荐、强化学习、自动化控制、资源管理的基础理论

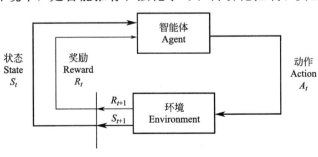

图 3.1-1 强化学习基本架构

框架[2-4]。

　　强化学习算法在复杂的自适应系统和序列决策等领域中取得了重要成就[5-6]，例如移动机器人路径规划极大程度上加快了移动机器人智能化的速度。其中 Q-learning[7] 算法是一种基于价值的强化学习方法，利用 Q 函数寻找当前状态下的最优策略，以获得总体期望奖励的最大值。此外，在多智能体强化学习 MARL 系统中，多个智能体不仅根据从环境中获得的奖励或惩罚来修正其策略，还需要进行相互的沟通交流。多智能体强化学习系统可以作为解决路径规划问题的有效工具。

　　传统的强化学习方法，例如动态规划（Dynamic Programming）[8]、Q-learning[7] 和 Sara[9]，在场景较为简单的情况下可以取得较好的效果，但面对复杂的现实问题，特别是当状态空间和动作空间维数很大时，将占据过多的内存，且智能体的搜索次数也会增多，传统的基于表格存储记忆的强化学习不再适用。近几年来，在原有的强化学习的基础上，深度强化学习（Deep Reinforcement Learning，DRL）逐渐兴起，并在 Atari 电玩[10-11]（图 3.1-2）和围棋[12-13]（图 3.1-3）等领域取得了超过人类的表现，具有解决复杂控制问题的能力。深度强化学习 DRL 可以通过构建深度神经网络来对收益期望和状态动作对进行关联，可以承载较大的状态空间，从而克服传统强化学习 RL 的维度爆炸、内存不够等缺点。特别是由 Google DeepMind 团队于《Nature》上提出的深度 Q 网络（Deep Q Network，DQN)[10-11]，将深度强化学习 DRL 应用于 Atari 电玩中，并在游戏的操控上达到了

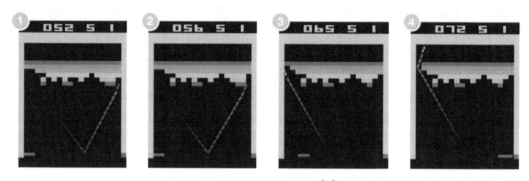

图 3.1-2　Atari 游戏操作[10]

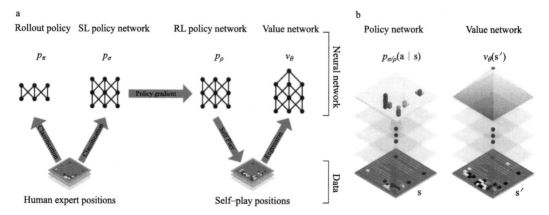

图 3.1-3　Alpha Go 架构设计[12]

人类专家的水平。在深度 Q 网络中，采用经验回放（Experience Replay）和目标网络（Target Network）等机制来减缓采样数据的相关性和非平稳分布，以缩短训练时间[14]，并使用深度神经网络来替代智能体存储记忆和经验的 Q-table，使得深度强化学习可以用于求解状态空间和动作空间十分复杂的场景，解决传统基于表格存储记忆的强化学习的维度爆炸的问题。在深度 Q 网络中实现了端到端（End-to-End）的控制，将智能体当前的状态作为神经网络的输入，经过神经网络的正向传播计算，神经网络的输出即为智能体要采取的动作。

3.1.2 智能体路径规划研究现状

机器人路径规划（路径导航）[15-17] 是指机器人在自身姿态已知的情况下，以最小的代价，例如路径最短、训练时间最少、碰撞最少等作为算法的优化目标，在环境中搜索到一条从原点到目标点的无碰撞可行路径，对自身姿态的评估是通过自身的传感器获取外界环境的相关信息。在导航任务中，许多无人机器人的导航任务是在充满随机障碍物的区域内安全地朝随机目标导航。

A * 算法[18] 是一种启发式搜索算法，在检查最短路径中每个可能的节点时引入全局信息，通过设定合适的启发函数，全面评估该节点处于最短路线上的可能性度量，选择最有希望的点加以扩展，直到找到目标节点为止。该算法的优点是扩展的节点少，鲁棒性较强，对环境信息反应较快；缺点是面临多维度的规划问题时，路径搜索过程中需要更多的节点，系统开销较大，探寻路径会花费较长时间。

人工势能场法（Artificial Potential Field，APF）[19] 是一种虚拟力法，在算法中，模仿引力斥力下的物体运动，在机器人周围的环境建立引力场斥力场函数，机器人与目标点间为引力，机器人与障碍物间为斥力，最后求出作用于机器人的合力，由此控制机器人在环境中避开障碍物完成路径规划。该算法的优点是计算得到的路径一般是较为平滑、可行性高，但存在局部最优点的问题，且势能场的建立与参数的定义是算法能否成功实施的关键。

遗传算法（GeneticAlgorithm，GA）[20] 属于演化计算（Evolutionary Computing），是当代人工智能科学的重要研究分支。遗传算法通过模拟达尔文遗传选择和自然淘汰进化的机制，基于生物遗传学和适者生存自然规律的一种迭代过程的搜索算法，包括选择、交叉、变异等操作。遗传算法的优点是易于与其他算法相结合，充分发挥自身迭代的优势，缺点是该算法是基于全局环境的优化算法，当面临的环境较为复杂时，算法会陷入局部最优且运算效率不高，同时受个体的编码和遗传算子影响较大。

模糊逻辑算法（Fuzzy Logic）[21] 符合人的思维习惯，以拟人为核心的思维方式，便于将专家知识转换为控制信号，利用模糊化处理机器人的环境状态空间，并对模糊规则库进行构建，通过映射来反映一种动作空间和状态空间的联系。该算法具有较强的一致性、稳定性和连续性，缺点是总结模糊规则比较困难，难以对隶属度函数和控制规则进行在线调整。

神经网络算法（Neural Network Algorithm，NNA）[22] 是一种计算模型，主要通过模拟生物神经网络的结构以表达函数模型。大量的人工神经元组成神经网络，然后将众多神经元联系结合进行分布式并行信号处理。神经网络算法具有学习能力强、鲁棒性好等优点，可以适应外界信息的反馈并对内部网络进行改变，但其泛化能力较差，目前神经网络算法与其他算法的结合应用已经成为路径规划领域研究的热点。

传统的机器人导航任务方法，包括 Voronoi 图[23]、A * 算法[18,24]、Dijkstra 算法[25]、粒子群优化算法（Particle Swarm Optimization，PSO)[26]、蚁群优化算法（Ant Colony Optimization，ACO)[27]、模拟退火算法（Simulated Annealing Algorithm，SAA)[28] 和遗传算法（GA）[20] 均有较多缺点，如时间复杂度极高和容易陷入局部最优，导致在实际应用中计算效率低下[6]。而目前实际应用中，路径规划问题越来越复杂，需要路径规划算法具有快速应对变化环境进行学习和决策的能力。传统的路径规划算法遇到了瓶颈，难以适应复杂的动态环境。为克服这些缺陷，强化学习逐渐被用于路径规划的求解。目前，由于求解性能突出，强化学习在移动机器人路径规划领域已经取得了许多重要成就[5]。强化学习通过智能体与环境的交互，获取环境的信息，选择行为，获得奖励，通过不断的尝试与学习，最终得到使得总的期望奖励最大化的最优策略。Mohan[29] 等使用改进的 Q-learning 算法对移动机器人的搜索觅食行为进行路径规划，Feng[31] 等提出基于强化学习的多智能体系统以实现多智能体的路径规划与自主避障。

受多智能体路径规划和钢筋布置之间相似性的启发，本书采用多智能体强化学习（MARL）系统和 BIM 进行钢筋混凝土节点的钢筋深化设计[30]。每个智能体都有一个用于学习、认知和导航的强化学习体系结构[31]。此外，钢筋深化设计的冲突检测和解决问题可以视为多智能体的路径规划，以实现钢筋的自动排布与避障，如图 3.1-4 所示。

3.1.3　实验环境

本节将对三个典型的钢筋混凝土梁柱节点进行实验验证。在梁柱节点中，由于钢筋纵横交错且紧密布置，因此很容易发生钢筋碰撞问题。三个典型的梁柱节点柱均为 3500mm 高，横截面尺寸为 500mm×500mm。纵向钢筋采用 HRB400 级，柱内纵向钢筋包括 4 根直径 20mm 的角部钢筋，16 根直径为 18mm 的钢筋均匀排列于柱中。梁的截面尺寸为 500mm×300mm，且有 12 根直径为 18mm 的纵向钢筋位于每根梁的顶部和底部。

3.1.4　多智能体强化学习训练过程

图 3.1-5 为多智能体强化学习 MARL 在梁柱十字形节点中进行路径规划的训练过程。灰色竖线表示柱内的纵向钢筋，在此任务中定义为障碍物。智能体的起点和终点由红色圆点和红色三角形分别表示。在此任务中，一组智能体的任务是安全地从起点（红色圆点）向定义的终点（红色三角形）前进，穿越钢筋混凝土梁柱节点区域。钢筋混凝土梁柱节点区域逐渐排布障碍物，这些障碍物是在路径规划训练过程中前面步骤生成的三维钢筋。

在图 3.1-5（a）～（c）所示的多智能体强化学习训练任务初始阶段，智能体有较高的探索率 ε，鼓励智能体进行探索新的可能性，并尝试达到既定目标而不发生碰撞或超时，此阶段智能体的路径看起来很混乱。在训练任务后期，如图 3.1-5（d）所示，具有较低探索率 ε 的智能体对整体环境有了准确的了解和评估，Q-Table 逐渐收敛达到全局最优，找到钢筋的最佳路径。由此可见，随着训练任务的进行，智能体的路径也从混乱逐渐发展为无碰撞有规则的钢筋路径，到最后将选择路径的全局最优生成合适的钢筋路径。

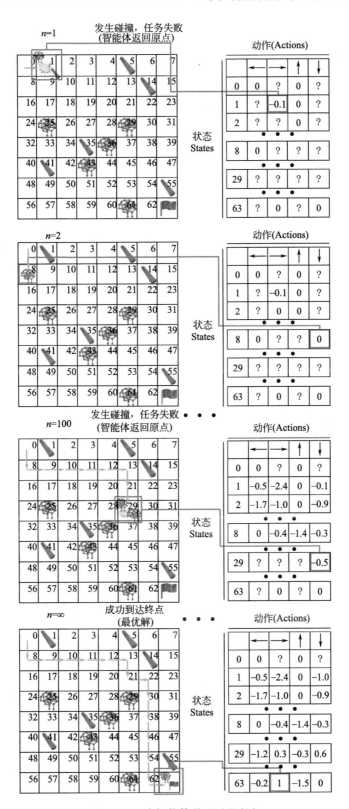

图 3.1-4　多智能体学习过程释义

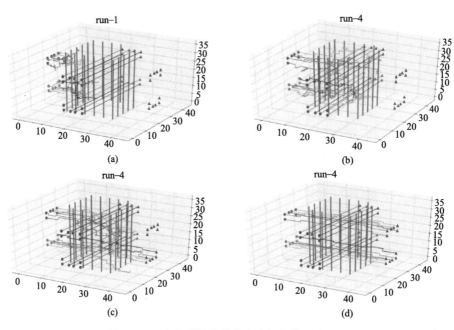

图 3.1-5 十字形梁柱节点内多智能体训练过程

3.1.5 实验参数设定

为保证实验验证的有效性，针对每个实验案例均进行 40 次独立的仿真验证，每次验证包括 1000 次训练的迭代次数。多智能体强化学习 MARL 的参数设置见表 3.1-1。为确保每次仿真验证的独立性，在每次仿真开始智能体的起点和终点，障碍物的位置均被重置，且 Q-Table 中存储的知识经验中均被清零。当一个智能体成功到达目标点，且未与障碍物发生碰撞，也未超过规定的运行时间，则定义为一次成功。因此多智能体系统的成功率（Success rate）S_r 定义为在总训练代数中，所有智能体成功到达目标点且未与障碍物发生碰撞或超过规定的运行时间的比例，可以由公式（3.1-1）计算：

$$S_r = \frac{1}{N_m} \times \sum_{i=1}^{N_m} \frac{N_s^i}{N_s} \times 100\% \qquad (3.1\text{-}1)$$

式中 N_m 为总的训练代数，N_s 是一次任务中总智能体数目，N_s^i 是任务 i 中成功到达终点且无发生碰撞的智能体总数。S_r 指标被用来评估所提出的基于 BIM 和多智能体强化学习 MARL 的计算框架的有效性。

MARL 参数设置	表 3.1-1
MARL 参数设置	
时序差分学习率 α	0.05
衰减系数 γ	0.7
Q-Table 初始值	0
$\varepsilon\text{-}greedy$ 探索参数设置	
ε 初始值	0.6
ε 衰减率	0.0004

3.1.6 验证结果和讨论

40 次独立仿真验证（每次验证包括 1000 次训练代数）的平均成功率 S_r 见图 3.1-6；随着训练的进行，多智能体逐渐找到了合理的钢筋路径，无碰撞地到达终点，且最终收敛为 100%，说明所提出的基于 BIM 和多智能体强化学习的计算框架成功地实现了三个典型梁柱节点的无碰撞钢筋排布避障设计。由多智能体强化学习 MARL 生成的三维梁柱节点钢筋路径以及据此自动生成的无碰撞的 BIM 钢筋模型如图 3.1-7 所示；生成的梁柱节点钢筋构造完全符合《混凝土结构设计规范》GB 50010—2010 的要求。

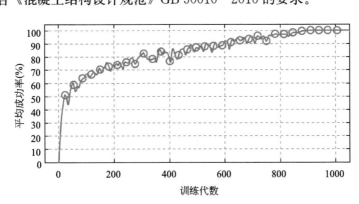

图 3.1-6　多智能体强化学习训练过程平均成功率

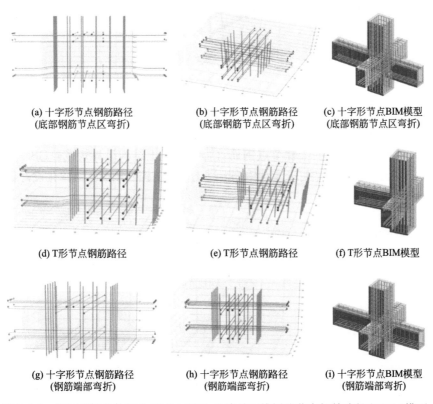

(a) 十字形节点钢筋路径
(底部钢筋节点区弯折)

(b) 十字形节点钢筋路径
(底部钢筋节点区弯折)

(c) 十字形节点BIM模型
(底部钢筋节点区弯折)

(d) T形节点钢筋路径

(e) T形节点钢筋路径

(f) T形节点BIM模型

(g) 十字形节点钢筋路径
(钢筋端部弯折)

(h) 十字形节点钢筋路径
(钢筋端部弯折)

(i) 十字形节点BIM模型
(钢筋端部弯折)

图 3.1-7　基于多智能体强化学习 MARL 生成的三维梁柱节点钢筋路径和 BIM 模型

3.2 混凝土框架结构的智能深化设计方法

3.2.1 实验环境

本节中将对一个双层钢筋混凝土框架进行实验验证，如图 3.2-1 所示。在此二层框架中，第一层有 63 根梁和 23 根柱子，第二层有 47 根梁和 23 根柱子；混凝土保护层厚度为 20mm；梁的混凝土强度等级为 C40，柱的混凝土强度等级为 C60。框架内的梁共有三种不同的矩形截面，尺寸分别为：150mm×350mm，175mm×350mm 和 200mm×350mm；框架柱的矩形截面尺寸为 300mm×300mm。梁和柱内的纵向钢筋采用 HRB400 级钢筋，设计的屈服强度为 360N/mm²；箍筋采用 HRB335 级钢筋，设计的屈服强度为 300N/mm²。该框架的 BIM 模型是由 Autodesk Revit[33] 所建立，使用 PKPM 结构设计软件进行结构受力计算和配筋面积计算。

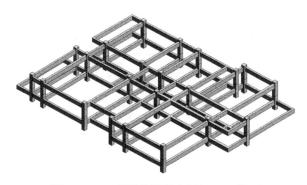

图 3.2-1 双层钢筋混凝土框架 BIM 模型

3.2.2 验证结果和讨论

由多智能体强化学习 MARL 生成的三维框架钢筋路径和据此自动生成的钢筋无碰撞 BIM 模型如图 3.2-2 所示，生成的梁柱节点钢筋符合《混凝土结构设计规范》GB 50010—2010，可见采用本书提出的计算框架可以实现钢筋混凝土框架结构的钢筋智能深化设计目标。

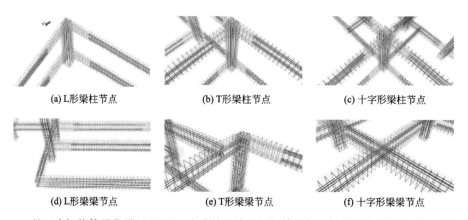

(a) L 形梁柱节点　　(b) T 形梁柱节点　　(c) 十字形梁柱节点

(d) L 形梁梁节点　　(e) T 形梁梁节点　　(f) 十字形梁梁节点

图 3.2-2 基于多智能体强化学习 MARL 生成的三维双层钢筋混凝土框架钢筋路径和 BIM 模型（一）

(g) 双层钢筋混凝土框架钢筋设计计算结果　　　　(h) 双层钢筋混凝土框架钢筋设计细节

图 3.2-2 基于多智能体强化学习 MARL 生成的三维双层钢筋混凝土框架钢筋路径和 BIM 模型（二）

表 3.2-1 对比了由多智能体强化学习 MARL 生成的钢筋路径和工程师手动建模的平均花费时间。共有 40 位结构工程师受邀参与了此次的试验，这些结构工程师均有两年以上的工程经验。在此实验中，受邀的结构工程师被要求进行多种类型结构的钢筋配筋深化设计，如 L 形梁梁节点、顶层 T 形梁柱节点、中间层十字形梁柱节点等，之后在 Autodesk Revit 中建立无碰撞的钢筋模型，并记录所花费的时间。对于两层钢筋混凝土框架，由于工程师手工建立钢筋模型的工作量过大，工程师很难真的耗费时间完成模型建立工作，因此根据不同节点类型所花费的时间估算了工程师的花费时间。

实验构件内钢筋设计多智能体强化学习 MARL 和结构工程师平均花费时间对比　表 3.2-1

结构类型	构件属性	平均花费时间（min）	
		多智能体强化学习	结构工程师
柱	500mm×500mm，20 根纵向钢筋	1～2	5～10
梁	500mm×300mm，12 根纵向钢筋	1～2	5～10
L 形梁梁节点	500mm×300mm，24 根纵向钢筋	3～4	10～15
T 形梁梁节点	500mm×300mm，24 根纵向钢筋	3～4	20～30
十字形梁梁节点	500mm×300mm，24 根纵向钢筋	3～4	20～30
顶层单梁单柱节点	500mm×300mm，500mm×500mm，32 根纵向钢筋	3～4	20～30
顶层 L 形梁柱节点	500mm×300mm，500mm×500mm，44 根纵向钢筋	5～6	30～40
顶层反向梁柱节点	500mm×300mm，500mm×500mm，32 根纵向钢筋	5～6	30～40
顶层 T 形梁柱节点	500mm×300mm，500mm×500mm，44 根纵向钢筋	5～6	50～60
顶层十字形梁柱节点	500mm×300mm，500mm×500mm，44 根纵向钢筋	5～6	50～60
中间层单梁单柱节点	500mm×300mm，500mm×500mm，32 根纵向钢筋	3～4	20～30
中间层 L 形梁柱节点	500mm×300mm，500mm×500mm，44 根纵向钢筋	5～6	30～40
中间层反向梁柱节点	500mm×300mm，500mm×500mm，32 根纵向钢筋	3～4	30～40
中间层 T 形梁柱节点	500mm×300mm，500mm×500mm，44 根纵向钢筋	5～6	50～60
中间层十字形梁柱节点	500mm×300mm，500mm×500mm，44 根纵向钢筋	5～6	50～60
两层钢筋混凝土框架	110 根梁，46 根柱，2240 根纵向钢筋	180～200	2900～3400

由图 3.2-3 所示结果可以看出，对于要求钢筋无碰撞的钢筋深化设计任务，多智能体强化学习 MARL 平均花费的时间远低于结构工程师手工建立所花费的时间。例如，对于实验中的反向梁柱节点，T 形梁柱节点和十字形梁柱节点（梁截面尺寸为 500mm×

300mm，柱截面尺寸为 500mm×500mm），多智能体强化学习 MARL 所花费的平均时间为 5～6min，而结构工程师对于每个梁柱节点手工进行钢筋设计与建模则需花费 50～60min；而且智能设计的方法出错率更低。对于本实验中所测试的双层梁柱节点（110 根梁，46 根柱，2240 根纵向钢筋），本书所提出的方法框架大概花费 180～200min 即可完成钢筋的深化设计，而结构工程师约需耗费 2900～3400min 进行钢筋深化设计，且无法保证框架内钢筋无碰撞问题。在此双层框架案例中，本书所提出的方法框架比人工设计节约了约 90％的时间，因此该方法框架可以高效精准地完成钢筋深化设计任务。

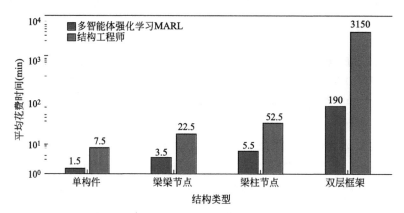

图 3.2-3　不同结构钢筋设计多智能体强化学习 MARL 和结构工程师平均花费时间对比

3.3　装配式混凝土外墙板的智能深化设计方法

3.3.1　生成式对抗网络和深度多智能体强化学习综合算法

针对构造复杂的装配式构件，如 2.4 节中的异形装配式混凝土外墙板，其钢筋避障排布的多智能体路径规划任务很难，因为构件中的钢筋形状非常复杂，难以转化为基于明确设计规则的计算机语言。同时，由于此外墙板整体几何造型复杂，其内部的保温层和预埋件均为异形构件，因此需要更加准确描述构件的所有几何信息，创建适合于多智能体路径规划问题的栅格环境。由于此外墙板的尺寸比梁柱节点的尺寸大一个量级，导致钢筋形状有效解的搜索空间成指数级别增大，需要鲁棒性更强的算法进行求解。

针对上述问题，本书尝试结合生成式对抗网络（Generative Adversarial Network，GAN）和深度强化学习对异形混凝土外墙板内的钢筋排布问题进行求解，其计算框架见图 3.3-1；该架构参考 Wei 等[34] 提出的方法。首先针对异形混凝土外墙板的几何造型，提出运用生成式对抗网络识别并生成外墙板内的钢筋排布；对已有外墙板 AutoCAD 图纸中的各个不同结构组成部分进行不同的颜色标记，学习 AutoCAD 图纸中钢筋排布经验并生成符合设计规则的钢筋排布图片，以确定初始的钢筋排布设计。其次针对外墙板构件尺寸较大、钢筋排布有效解搜索空间过大导致算法难以找到有效解的问题，提出将鲁棒性更强的深度强化学习 DRL 作为多智能体强化学习的基础架构，修正钢筋的排布，以避免钢筋碰撞。

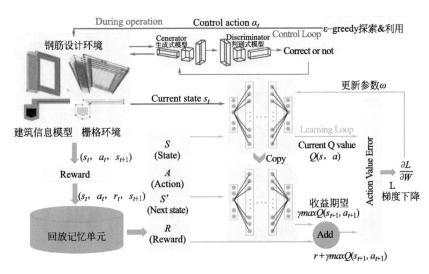

图 3.3-1 基于生成式对抗网络和深度强化学习的钢筋避障排布设计的计算框架

图 3.3-2 实际工程中的装配式混凝土外墙板

3.3.2 实验环境

本书 2.4 节中介绍的异形混凝土外墙板来自于一个实际的装配式建筑工程，见图 3.3-2。此建筑位于乌江畔，其外立面的设计灵感来自浩瀚乌江波涛，其外立面采用了扭曲的空间线条以表达动态的波浪效果。建筑的外立面采用装配式清水混凝土外墙板，每个外墙板块均为异形的混凝土夹心保温外墙板构件。由于异形外墙板构造复杂、类型多、生产难度大，且外墙板内预埋件造型与种类也较为复杂，因此极其容易发生钢筋、预埋件、保温层之间的碰撞问题，这给设计、工厂加工制造以及现场的安装都带来了很多困难。墙板深化设计中采用 BIM 模型进行碰撞核查，并进行优化调整（图 3.3-3）。

3.3.3 基于生成式对抗网络的二维钢筋排布结果

生成式对抗网络 GAN 在计算机视觉特别是图像匹配和生成、自然语言和语音处理等

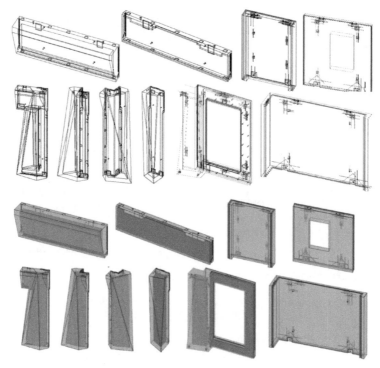

图 3.3-3　装配式混凝土外墙板 BIM 模型

领域具有巨大的应用前景[35]；在建筑专业设计领域，特别是运用生成式对抗网络进行建筑设计图纸的识别和生成已经有了一定的研究[36]，然而在结构专业设计领域的研究较少。

2017 年 Isola 等[37] 基于生成式对抗网络的基础架构提出 Pix2pix，利用成对的图片进行图像翻译，即输入为一种风格的一张图片，输出为同一张图像的另一种风格，可用于进行风格迁移，比如将一张灰度图转换为一张彩色图，将一张素描图转换为一张实物图。在Pix2pix 网络中，判别式模型 D 的输入是成对的图片而不是一张图片，判别式模型 D 的任务是对成对的图像进行判别，判别它们是否是真实图像。在训练完成之后，通过 Pix2pix 即可完成高质量图像的翻译。

为解决如何确定装配式墙板内钢筋初始排布的问题，探索生成式对抗网络用于结构设计的可能性，本书将生成式对抗网络中的 Pix2pix 识别方法应用于结构设计中的钢筋排布进行了探索。如图 3.3-4 所示，首先针对异形混凝土外墙板中复杂且难以总结规则的钢筋排布，尝试对已有混凝土外墙板 AutoCAD 图纸中的各个不同结构组成部分进行不同的颜色标记，并将无钢筋的设计图像和有钢筋的设计图像合并为训练图像对。其次将无钢筋的设计图像作为生成式模型 G 的输入，生成式模型 G 生成真假难辨的生成图像，即有钢筋的设计图像；而判别式模型 D 则用于判断训练样本来自生成的设计图像还是真实的设计图像；通过两个模型网络之间的不断互相博弈，生成式模型 G 则得以最大化生成真假难辨的生成样本，而判别式模型 D 则得以最小化判别错误的概率；最终 Pix2pix 通过学习AutoCAD 图纸中钢筋设计经验，生成符合设计规则的钢筋排布设计图片。然后将生成的钢筋排布设计图片中钢筋路径的坐标信息进行提取，并与外墙板 BIM 模型相比对，以确定栅格环境中钢筋的排布，包括钢筋的起点、终点和相应路径。

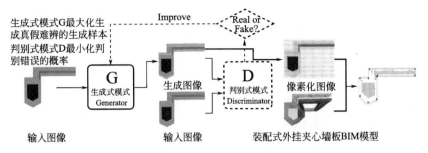

图 3.3-4　用于装配式外挂墙板内钢筋设计生成的 Pix2pix 流程

（1）图像标记规则

为了使 Pix2pix 更好地识别设计图像中的各个构件，需要对装配式外墙板的 AutoCAD 图纸进行统一的颜色标记，以代表不同组成部分，如图 3.3-5 所示。为了最大程度区分外墙板内的不同组成部分，本书使用基于红绿蓝（Red，Green，Blue，RGB）的颜色标记方式，共有 4 种不同的 RGB 组合以代表的不同组成部分。R：0，G：0，B：0 代表保温材料 A；R：255，G：0，B：255 代表保温材料 B；R：128，G：128，B：128 代表混凝土；R：0，G：255，B：255 代表钢筋。外墙板的已有 AutoCAD 图纸数量并不多，经颜色标记和尺寸统一后，共有 75 张设计图像用于 Pix2pix 生成式对抗网络的训练。

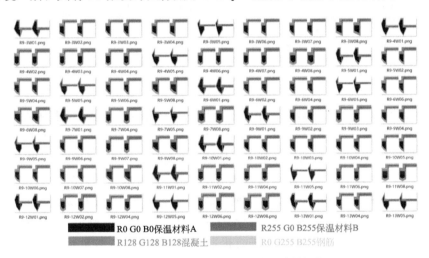

图 3.3-5　图像标记规则和部分训练数据集

（2）图像生成

标记完设计图像之后，将无钢筋的设计图像和有钢筋的设计图像合并为训练图像对，Pix2pix 的输入（Input）为无钢筋设计的图像，目标（Target）为真实的钢筋设计图像，输出（Output）为生成的钢筋设计图像。将无钢筋的设计图像作为生成式模型 G 的输入，生成式模型 G 生成真假难辨的生成图像就是生成的有钢筋的设计图像；而判别式模型 D 则用于判断训练样本来自生成的设计图像还是真实的设计图像；通过两个模型网络之间的不断互相博弈，生成式模型 G 则得以最大化生成真假难辨的生成样本，而判别式模型 D 则得以最小化判别错误的概率。最终 Pix2pix 学习 AutoCAD 图纸中钢筋设计经验并生成符合设计规则的钢筋排布图片，见图 3.3-6。由于生成的钢筋设计图像过多，此处仅展示部分结果。可以看出 Pix2pix 根据外墙板的形状、保温层形状、混凝土层和保温层的相互关系，准确生成了钢筋排布图像，包括钢筋的准确定位和形状。

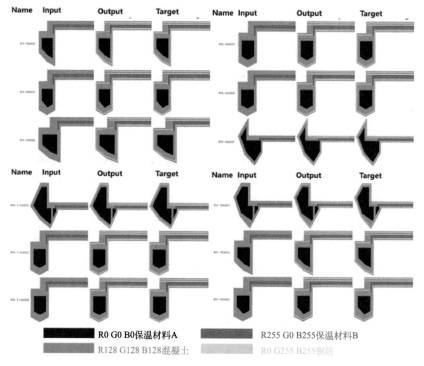

图 3.3-6　生成钢筋设计结果

本书介绍的预制装配式外墙板，平面形状和空间形状均很复杂，工程师在此墙板结构的深化设计过程，既要遵循很多的固定设计规则，又需要针对不同的情况进行灵活处理；而生成式对抗网络 GAN 得到的结果基本满足这种复杂外墙板的所有设计要求。由此可见，生成式对抗网络 GAN 具有学习复杂设计规则和思路，并生成合理结构设计图纸的潜力。

由于生成式对抗网络 Pix2pix 生成的钢筋排布图像中的钢筋路径无法保证在三维空间中无碰撞，还需结合原有的 BIM 模型进行碰撞检测。如图 3.3-7 所示，首先将生成的钢筋排布设计图片中钢筋路径的坐标信息进行提取，并与装配式外挂墙板 BIM 模型相比对，

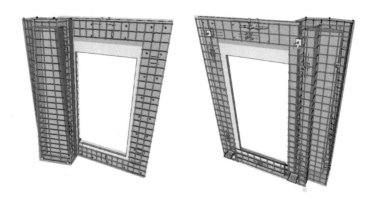

图 3.3-7　生成式对抗网络 Pix2pix 生成的装配式外挂墙板初始钢筋排布

以确定栅格环境中钢筋的初始设计，包括钢筋的起点、终点和相应路径。如图 3.3-8 所示，借助 BIM 中的构件三维可视化功能，可以十分容易地发现初始的钢筋排布与装配式外挂墙板中的埋件存在碰撞问题。图 3.3-8（a）为初始钢筋设计二维平面图，红色小方块表示障碍物，蓝色小方块表示钢筋路径，可发现在平面图的顶部和中部（已圈出）存在钢筋路径与障碍物发生重叠的情况，即存在碰撞问题。图 3.3-8（b）和图 3.3-8（c）为三维视图下钢筋碰撞问题可视化，即钢筋路径与外墙板顶部的埋件发生碰撞，因此需要对生成的初始钢筋排布进行路径修正以自动躲避障碍物。

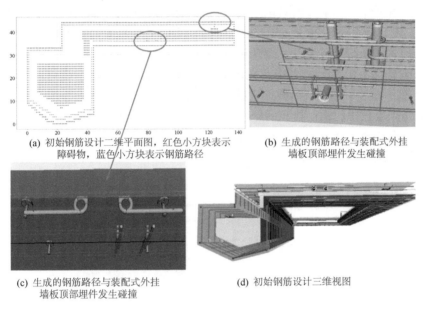

(a) 初始钢筋设计二维平面图，红色小方块表示障碍物，蓝色小方块表示钢筋路径

(b) 生成的钢筋路径与装配式外挂墙板顶部埋件发生碰撞

(c) 生成的钢筋路径与装配式外挂墙板顶部埋件发生碰撞

(d) 初始钢筋设计三维视图

图 3.3-8 初始钢筋设计与埋件的碰撞问题

3.3.4 基于深度强化学习的三维钢筋设计排布结果

装配式外墙板钢筋设计的生成步骤见图 3.3-9（a）。首先从 BIM 模型中提取相关的几何信息，包括已知边界条件（混凝土边界）和内部构件（保温层、预埋件和混凝土边界）之间的相对位置信息，并转化成适合于深度强化学习实施的栅格环境（详见 2.4 节），见图 3.3-9（b）。其次在已有准确描述外墙板几何信息的栅格环境的基础上，使用生成式对抗网络学习已有的二维钢筋排布 AutoCAD 图纸，并根据外墙板和保温层的造型生成符合

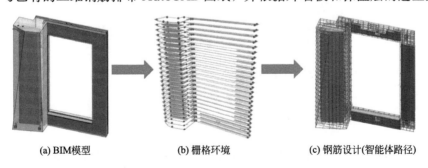

(a) BIM模型   (b) 栅格环境   (c) 钢筋设计(智能体路径)

图 3.3-9 装配式外挂墙板钢筋设计生成步骤

设计规则的二维钢筋排布，但生成的二维钢筋排布无法保证在三维空间中与外墙板内部的预埋件不发生碰撞。同时外墙板尺寸较大导致相应的栅格环境维度较高，可行解的搜索空间过大，基于传统强化学习 Q-leaning 的多智能体强化学习常陷入局部最优，且传统的 Q-table 存储记忆存在维度爆炸的问题，造成钢筋排布的失败，因此需使用基于深度强化学习的多智能体强化学习进行求解；最后将多智能体路径规划得到的无碰撞钢筋路径导入 BIM 中生成钢筋模型，如图 3.3-9（c）所示。

本书选择了实际工程中复杂的异形装配式外挂墙板，共有 187 根钢筋，作为基于深度强化学习的多智能体强化学习的测试案例。在生成式对抗网络 Pix2pix 生成的初始钢筋设计的基础上，引入深度强化学习中的深度 Q 网络 DQN 作为多智能体强化学习的基础架构，以修正初始钢筋的排布设计，避免碰撞问题。由多智能体强化学习 MARL 生成的三维钢筋路径如图 3.3-10 所示，其中蓝色圆球代表钢筋路径的起点、终点，绿色线条为钢筋路径，灰色方块为障碍物（混凝土边界、保护层、预埋件）；可见深度强化学习可以较好地求解复杂外墙板中的钢筋排布问题，自动在规定的范围内躲避障碍物，生成的装配式外墙板钢筋排布符合设计要求。最后将生成的钢筋路径通过 API 导入 Autodesk Revit 内生成外墙板内的钢筋 BIM 模型。

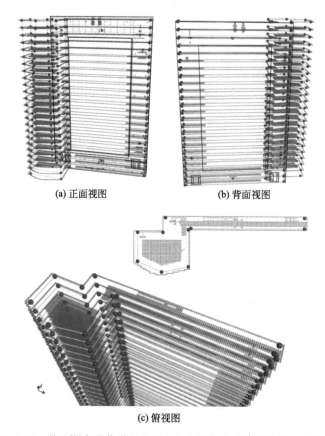

(a) 正面视图   (b) 背面视图

(c) 俯视图

图 3.3-10   基于深度强化学习 DQN 生成的装配式外挂墙板的钢筋设计

为进一步验证基于深度强化学习的多智能体强化学习的有效性，针对平板式带凹槽和无凹槽的装配式外挂墙板钢筋深化设计进行了测试，如图 3.3-11 和图 3.3-12 所示；可见深度强化学习可以较好地求解装配式外挂墙板中的钢筋深化设计问题，自动在规定的范围内躲避障碍物，生成的装配式外挂墙板钢筋排布符合设计要求。

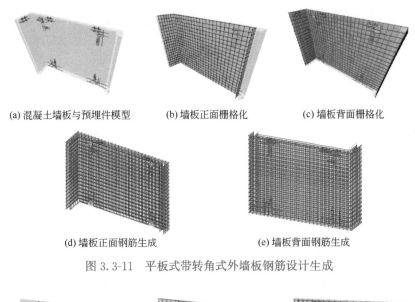

(a) 混凝土墙板与预埋件模型　　(b) 墙板正面栅格化　　(c) 墙板背面栅格化

(d) 墙板正面钢筋生成　　(e) 墙板背面钢筋生成

图 3.3-11　平板式带转角式外墙板钢筋设计生成

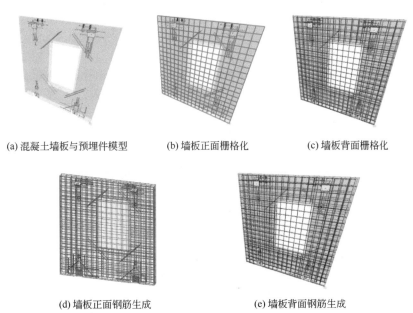

(a) 混凝土墙板与预埋件模型　　(b) 墙板正面栅格化　　(c) 墙板背面栅格化

(d) 墙板正面钢筋生成　　(e) 墙板背面钢筋生成

图 3.3-12　平板式带窗外墙板钢筋设计生成

3.4　装配式混凝土外墙板智能深化设计软件

基于本书的研究成果，本课题组开发了基于 AutodeskRevit 的装配式混凝土外挂墙板智能深化设计软件，见图 3.4-1；软件可实现外墙挂板的深化设计图纸快速生成，包括墙板详细尺寸、预埋件详细尺寸、钢筋形状和详细尺寸、材料用量分类详细统计；最后可生成 BIM 三维深化设计模型或 AutoCAD 二维深化设计图纸，从而节省工程师大量的建模、绘图和工程量统计时间，有效减少设计错误，提高生产效率和质量。软件生成装配式混凝土外墙板的钢筋深化设计结果如图 3.4-2 所示。

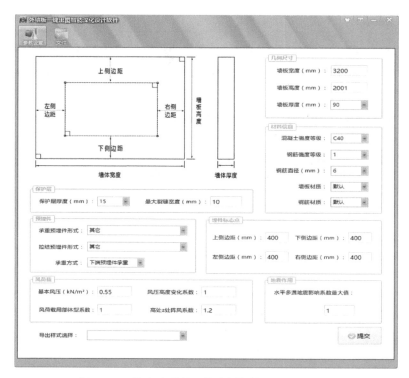

图 3.4-1　装配式混凝土外墙板智能深化设计软件

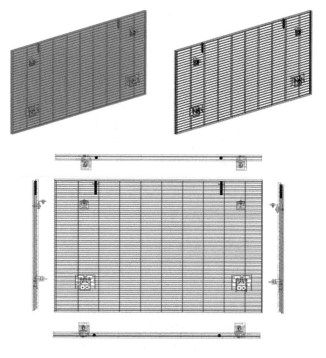

图 3.4-2　软件生成装配式混凝土外墙板内钢筋设计结果

该软件可以通过两种方式进行钢筋的自动设计，方法一是通过打开通用族文件创建装配式混凝土外墙板来实现深化设计，其开发主要步骤如下：

（1）在软件界面中填入或选择外墙板的几何尺寸、材料信息、保护层、预埋件形式及定位、风荷载和地震作用等，并将参数发送到云端后台数据库进行有限元受力和配筋计算；数据库选择对应的参数，包括外墙板尺寸、埋件定位、凹槽形式、预埋件和拉结件的族文件类型，然后发送到本地的 AutodeskRevit 中；

（2）使用 Autodesk. Revit. DB. Document. LoadFamily 打开一个通用族文件，根据传输得到的外墙板相关参数，通过几何体拉伸和几何体交并操作创建外墙板的基础几何形体和凹槽，作为可摆放钢筋的空间，并添加相关的材料、保护层信息（Autodesk. Revit. DB. Document. FamilyManager）；

（3）根据预埋件的族文件类型把对应的族文件下载到本地，并载入到 AutodeskRevit 中，根据定位，以实例的形式（Autodesk. Revit. DB. Document. Create. NewFamilyInstance）添加到外墙板内部，作为路径规划计算中的障碍物；

（4）针对创建的外墙板几何体和预埋件几何体，在离保护层一定距离的外墙板内（即摆放钢筋的位置）创建纵向平面并进行栅格化，将栅格化的平面与外墙板几何体和预埋件几何体进行相交操作，以创建具有边界和障碍物信息的计算矩阵；

（5）通过 HTTP 协议，把计算矩阵发送到云端服务器并存储到数据库，然后返回给前端已接收到计算任务的标识和存储记录 ID；

（6）在云端服务器通过队列进行异步的钢筋多智能体路径规划计算；

（7）计算完成后，对云端数据库的计算结果进行更新；

（8）在前端 AutodeskRevit 上通过 HTTP 协议将计算结果下载到本地；

（9）由于通用族内无法创建钢筋族，因此根据钢筋的三维路径信息、直径等信息，通过几何体拉伸创建钢筋，针对钢筋的弯折圆弧部分可以通过几何体的旋转操作进行创建，最后将属于同一根钢筋的多个几何体进行合并，如此重复即可创建外挂墙板内的所有钢筋模型。

方法二是选取已创建的装配式混凝土外墙板作为创建钢筋的附属容器来实现钢筋的设计：

（1）通过 AutodeskRevit 内的选择操作，选取需要进行钢筋设计的一个或多个外墙板的几何体作为钢筋设计的容器，然后选取外墙板内的一个或多个预埋件和连接件的几何体作为障碍物；

（2）重复方法一中的步骤（4）～（9）。

3.5 本章小结

本章从设计适用于求解钢筋混凝土构件的钢筋排布避障的路径规划问题的多智能体强化学习出发，首先介绍了强化学习基本原理，然后以钢筋混凝土梁柱节点、两层的钢筋混凝土框架、复杂异形装配式夹心墙板为案例，对基于 BIM 和多智能体强化学习 MARL 的计算框架的有效性进行验证。研究结果表明，采用多智能体深度强化学习算法可有效解决钢筋混凝土框架节点和框架结构整体的钢筋智能深化设计问题；而结合生成式对抗网络学习已有的 CAD 图纸中的设计经验，可解决复杂外形混凝土预制外墙板的智能设计问题。基于本章的方法，开发了装配式混凝土外墙板智能深化软件，并介绍了开发的技术路径。

参考文献

［1］ SUTTON R S，BARTO A G. Reinforcement learning：An introduction ［M］. America：MIT press，2018.

［2］ Bellman R. A Markovian decision process ［J］. Journal of Mathematics and Mechanics，1957，6（5）：679-684.

［3］ HOWARD R A. Dynamic programming and markov processes ［J］. Mathmatical Gazette，1960，3（358）：120.

［4］ BLACKWELL D. Discrete dynamic programming ［J］. The Annals of Mathematical Statistics，1962，33：719-726.

［5］ ZHOU S，LIU X，XU Y，et al. A deep Q-network （DQN） based path planning method for mobile robots ［C］//2018 IEEE International Conference on Information and Automation （ICIA）. IEEE，2018：366-371.

［6］ KONAR A，CHAKRABORTY I G，SINGH S J，et al. A deterministic improved Q-learning for path planning of a mobile robot ［J］. IEEE Transactions on Systems，Man，and Cybernetics：Systems，2013，43（5）：1141-1153.

［7］ WATKINS C J C H，DAYAN P. Q-learning ［J］. Machine Learning，1992，8（3-4）：279-292.

［8］ BUSONIU L，BABUSKA R，DE SCHUTTER B，et al. Reinforcement learning and dynamic programming using function approximators ［M］. America：CRC press，2010.

［9］ CHEN S L，WEI Y M. Least-squares SARSA （Lambda） algorithms for reinforcement learning ［C］//2008 Fourth International Conference on Natural Computation. IEEE，2008，2：632-636.

［10］ MNIH V，KAVUKCUOGLU K，SILVER D，et al. Human-level control through deep reinforcement learning ［J］. Nature，2015，518（7540）：529-533.

［11］ MNIH V，KAVUKCUOGLU K，SILVER D，et al. Playing atari with deep reinforcement learning ［J/OL］. arXiv preprint arXiv：1312. 5602，2013.［2020-06-20］. https：//arxiv. org/abs/1312. 5602

［12］ SILVER D，HUANG A，Maddison C J，et al. Mastering the game of Go with deep neural networks and tree search ［J］. Nature，2016，529（7587）：484-489.

［13］ SILVER D，SCHRITTWIESER J，SIMONYAN K，et al. Mastering the game of go without human knowledge ［J］. Nature，2017，550（7676）：354-359.

［14］ SCHAUL T，QUAN J，ANTONOGLOU I，et al. Prioritized experience replay ［J/OL］. arXiv preprint arXiv：1511. 05952，2015.［2020-06-20］. https：//arxiv. org/abs/1511. 05952

［15］ TAN A H，LU N，XIAO D. Integrating temporal difference methods and self-organizing neural networks for reinforcement learning with delayed evaluative feedback ［J］. IEEE Transactions on Neural Networks，2008，19（2）：230-244.

［16］ XIAO D，TAN A H. Self-organizing neural architectures and cooperative learning in a multiagent environment ［J］. IEEE Transactions on Systems，Man，and Cybernetics，Part B （Cybernetics），2007，37（6）：1567-1580.

［17］ TAN A H. FALCON：A fusion architecture for learning，cognition，and navigation ［C］//2004 IEEE International Joint Conference on Neural Networks （IEEE Cat. No. 04CH37541）. IEEE，2004，

4：3297-3302.

[18] HART P E, NILSSON N J, RAPHAEL B. A formal basis for the heuristic determination of minimum cost paths [J]. IEEE Transactions on Systems Science and Cybernetics, 1968, 4 (2)：100-107.

[19] KHATIB O. Real-time obstacle avoidance for manipulators and mobile robots [M]. Autonomous Robot Vehicles. Springer, New York, NY, 1986：396-404.

[20] TU J, YANG S X. Genetic algorithm based path planning for a mobile robot [C] //2003 IEEE International Conference on Robotics and Automation (Cat. No. 03CH37422). IEEE, 2003, 1：1221-1226.

[21] LEE C C. Fuzzy logic in control systems：fuzzy logic controller. I [J]. IEEE Transactions on Systems, Man, and Cybernetics, 1990, 20 (2)：404-18.

[22] GLASIUS R, KOMODA A, GIELEN S C A M. Neural network dynamics for path planning and obstacle avoidance [J]. Neural Networks, 1995, 8 (1)：125-133.

[23] AURENHAMMER F. Voronoi diagrams—a survey of a fundamental geometric data structure [J]. ACM Computing Surveys (CSUR), 1991, 23 (3)：345-405.

[24] SZCZERBA R J, GALKOWSKI P, GLICKTEIN I S, et al. Robust algorithm for real-time route planning [J]. IEEE Transactions on Aerospace and Electronic Systems, 2000, 36 (3)：869-878.

[25] DIJKSTRA E W. A note on two problems in connexion with graphs [J]. Numerische Mathematik, 1959, 1 (1)：269-71.

[26] KENNEDY J, EBERHART R. Particle swarm optimization [C] //Proceedings of ICNN'95-International Conference on Neural Networks. IEEE, 1995, 4：1942-1948.

[27] FAN X, LUO X, YI S, et al. Optimal path planning for mobile robots based on intensified ant colony optimization algorithm [C] //IEEE International Conference on Robotics, Intelligent Systems and Signal Processing, 2003. Proceedings. 2003. IEEE, 2003, 1：131-136.

[28] MIAO H, TIAN Y C. Robot path planning in dynamic environments using a simulated annealing based approach [C] //2008 10th International Conference on Control, Automation, Robotics and Vision. IEEE, 2008：1253-1258.

[29] MOHAN Y, PONNAMBALAM S G, Inayat-Hussain J I. A comparative study of policies in Q-learning for foraging tasks [C] //2009 World Congress on Nature & Biologically Inspired Computing (NaBIC). IEEE, 2009：134-139.

[30] LIU J, LIU P, FENG L, et al. Towards automated clash resolution of reinforcing steel design in reinforced concrete frames via Q-learning and building information modeling [J/OL]. Automation in Construction, 2020, 112：103062. [2020-06-20]. https：//www. sciencedirect. com/science/article/abs/pii/S0926580519304753

[31] FENG L, ONG Y S, TAN A H, et al. Towards human-like social multi-agents with memetic automaton [C] //2011 IEEE congress of evolutionary computation (CEC). IEEE, 2011：1092-1099.

[32] 中华人民共和国住房和城乡建设部. 混凝土结构设计规范：GB 50010—2010 [S]. 北京：中国建筑工业出版社, 2010.

[33] AUTODESK. Revit 2019 [EB/OL]. [2020-06-20]. https：//www. autodesk. in/products/revit/overview.

[34] WEI T, WANG Y, ZHU Q. Deep reinforcement learning for building HVAC control [C] //Proceedings of the 54th Annual Design Automation Conference 2017. 2017：1-6.

[35] 王坤峰, 苟超, 段艳杰, 等. 生成式对抗网络 GAN 的研究进展与展望 [J]. 自动化学报, 2017, 43

(3)：321-332.

[36] HUANG W，ZHENG H. Architectural drawings recognition and generation through machine learning [C] //Proceedings of the Proceedings of the 38th Annual Conference of the Association for Computer Aided Design in Architecture，2018：156-165.

[37] ISOLA P，ZHU J Y，ZHOU T，et al. Image-to-image translation with conditional adversarial networks [C] //Proceedings of the IEEE Conference on Computer Vision and Pattern Recognition. 2017：1125-1134.

4 基于进化优化方法的混凝土构件深化设计

本章研究基于优化算法的混凝土结构智能深化设计方法，包括近邻域优化算法和人工势场法的应用。通过近邻域算法对钢筋组合进行优化，得到混凝土构件中各部分钢筋的直径和数目；通过人工势场法完成钢筋的智能排布，避免钢筋的碰撞和堵塞问题。针对常见的六种钢筋混凝土梁柱节点和两层的钢筋混凝土框架进行深化设计，验证智能深化设计算法框架的稳定性和实用性。

4.1 混凝土框架结构智能深化设计框架

对于钢筋混凝土结构，钢筋的深化设计是一项非常关键的任务。在结构设计过程中，钢筋一般是根据设计规范进行分析计算，设计结果只包含钢筋的总面积，而一般不包括详细的钢筋组合和排布，即一般不包括钢筋的深化设计；此项工作一般是在结构图纸交付给施工单位后，由施工单位或生产单位完成。为保证钢筋的可施工性和经济性，钢筋的深化设计应考虑两个主要问题：钢筋组合的优化设计和无碰撞钢筋排布。

钢筋组合是指从钢筋列表中选择不同直径的钢筋布置在混凝土构件截面内，且钢筋总面积应不小于结构计算得出的钢筋总面积。采用钢筋总重量小且施工方便的较优钢筋组合进行钢筋施工，可降低材料成本和施工难度。此外，在梁柱节点处，钢筋排布通常比较复杂，大量钢筋集中在节点区域，可能导致钢筋碰撞和堵塞。

为了使钢筋深化设计的解决方案切实可行，提高钢筋深化设计的质量，本书在前两章研究工作的基础上，又开发了基于优化算法的智能深化设计框架[1]，如图 4.1-1 所示。开发此框架的主要任务是优化钢筋组合和自动生成钢筋排布，以减少材料成本，降低施工难度，避免钢筋碰撞和堵塞。使用所开发的框架可以得到钢筋深化设计结果，建立混凝土框架结构的深化设计 BIM 模型，并直接生成被施工人员用于钢筋施工的深化设计图纸。所开发的框架包括两个模块：（1）钢筋组合优化模块；（2）钢筋排布生成模块。

4.1.1 钢筋组合优化模块

混凝土框架由水平梁和竖向柱组成。在实际设计中，混凝土梁柱截面处所需的最小钢筋面积取决于混凝土构件的截面尺寸和承受的荷载。通常，采用结构分析软件可以快速准确地计算出每个混凝土构件符合设计规范要求的钢筋总面积。在钢筋深化设计中，钢筋组合的信息包括钢筋直径和钢筋数量。在不小于结构计算所得总面积的条件下，深化设计得到的钢筋组合，其钢筋总面积应力求最小，以节省成本。

如图 4.1-2 所示，钢筋混凝土梁所需的纵向钢筋由四部分组成：伸入左侧支座的顶部钢筋（A_{Blt}），伸入右侧支座的顶部钢筋（A_{Brt}），梁的通长顶部钢筋（A_{Bt}）和底部钢筋（A_{Bb}）。

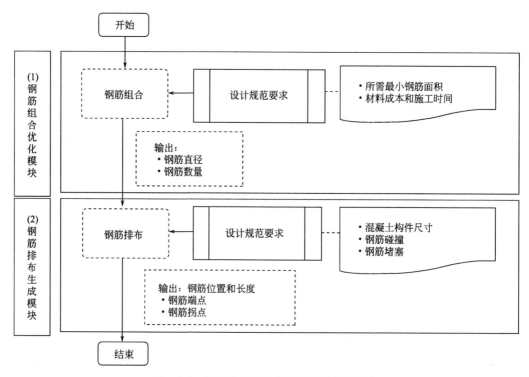

图 4.1-1 混凝土框架构件智能深化设计框架

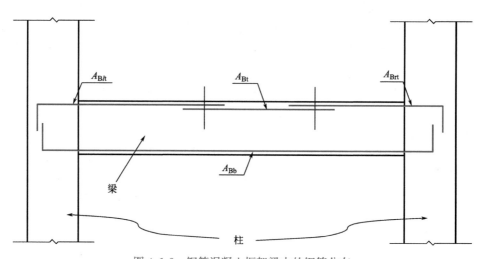

图 4.1-2 钢筋混凝土框架梁中的钢筋分布

钢筋混凝土柱所需的纵向钢筋由三部分组成（图 4.1-3）：柱角筋（A_{Cc}）、左右侧柱边筋（A_{Cx}）和上下侧柱边筋（A_{Cy}）。

在钢筋深化设计中，关于钢筋组合，其目标是在总面积满足结构设计要求的条件下，不同直径类型钢筋组合使用后，钢筋的总面积最小，但钢筋直径类型较多时，又会带来其他生产施工问题。在目前的设计工作中，一般需考虑以下三个方面：

• 钢筋的数量。在钢筋混凝土构件中，钢筋根数过多，将会增加钢筋的放置和绑扎的时间，降低生产施工效率，增加人工成本。钢筋根数过多，将降低混凝土的流动性，混凝土浇筑质量会受到影响。而较少的钢筋根数虽然可以降低施工中的人工成本，也有利于混凝土的浇筑，但是钢筋根数较少不利于裂缝的控制。因此在钢筋组合中，钢筋根数宜适量，一般不少于两根。

• 钢筋的直径。在施工现场，如果同一构件中采用的钢筋直径类型较多，则需要施工人员准确地挑选钢筋的直径，耗费时间，人工成本高，且施工人员挑选钢筋容易出错。因此同一构件中，钢筋直径的种类一般不超过两种。

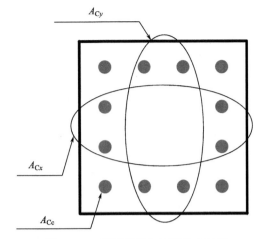

图 4.1-3　钢筋混凝土柱所需的钢筋

• 钢筋的组合。在实际施工中，钢筋混凝土构件中的钢筋通常需要在施工现场或生产场地手动制作钢筋笼。相似构件的钢筋笼最好统一制作，以减少可能的施工误差并提高效率。为便于钢筋笼的集中装配，应尽量减少钢筋组合的数量。

4.1.2　钢筋排布生成模块

混凝土框架梁柱节点是梁与柱在三个方向上的交叉区域，梁柱中的钢筋都会汇集在节点中；相对于梁或柱构件的钢筋排布，节点处的钢筋排布更复杂。在混凝土构件中，钢筋可分为两大类：纵向钢筋（主筋）和横向钢筋（箍筋）。横向钢筋采用外围箍筋的形式围绕纵筋，固定纵筋位置，与纵筋共同形成钢筋骨架。在进行深化设计的钢筋排布时，箍筋一般没有碰撞问题，只需考虑纵筋的排布并重点处理碰撞问题，而将箍筋作为纵筋排布的障碍物。

如图 4.1-4 所示，钢筋混凝土框架的梁柱节点一般可以分为 6 种类型。根据节点所在的楼层可以分为顶层节点和中间层节点；根据节点在某一层中所处的位置可以分为中节点、角节点和边节点。

在顶层节点中，柱纵向钢筋应伸至柱顶，直线锚固在节点中。如果梁高度不足，无法满足直线锚固，应将柱纵筋延伸至柱顶后向节点内水平弯曲 90°。中间层节点的柱纵筋应贯穿节点，避免在节点区域搭接或锚固。对于中节点，四根梁分别连接到四个不同的柱截面上，所有同向的梁纵筋均应穿过节点区域；若由于同向梁发生顶部标高的错位，梁中部分钢筋无法穿过节点，需进行符合规范的锚固。对于角节点，两根梁分别连接到两个在横向和纵向的相邻柱截面上，梁纵筋应延伸到对截面处并向节点内部垂直弯曲，以确保钢筋的锚固。对于边节点，在一个水平方向（如横向）上梁连接到一个柱截面上，在另一个水平方向（如纵向）上有两根梁连接到柱的两侧截面上；此时横向梁纵筋应延伸到柱截面外侧处并向节点内部垂直弯曲，纵向梁纵筋需要贯穿节点区域。

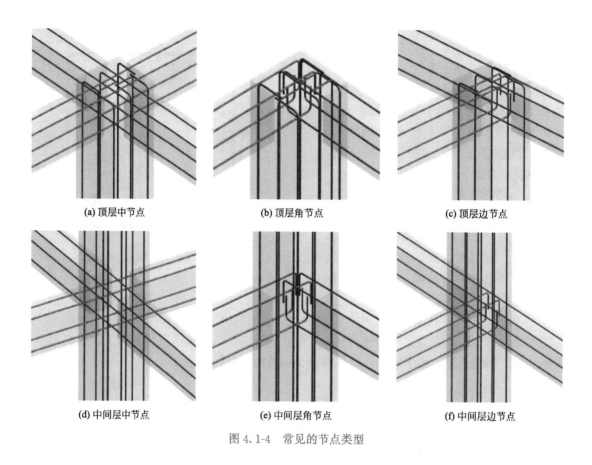

(a) 顶层中节点　　　　　　　(b) 顶层角节点　　　　　　　(c) 顶层边节点

(d) 中间层中节点　　　　　　(e) 中间层角节点　　　　　　(f) 中间层边节点

图 4.1-4　常见的节点类型

4.2　基于近邻域算法的配筋智能优化

本节采用基于种群的元启发式算法，即"近邻域优化算法（NFO，Neiborhood Filed Optimization）"[2] 对钢筋组合进行优化。算法中，个体主要受局部环境的影响，总是从周围区域收集信息，并与邻居交换信息。每个个体只在局部空间中与相邻个体共享自己的信息，并在"向相邻个体学习"的概念下进行更新。个体将向表现优秀的邻居学习，而远离表现较差的邻居。个体可以看作是在一个机器人，将优秀的邻居作为目标，较差的邻居视为障碍物。每个个体都在避开较差邻居而向优秀邻居学习的概念下进行变异操作。

为方便采用 NFO 算法对钢筋组合进行优化，需要建立关于钢筋组合的优化模型。钢筋组合实际上是包含了不同直径的钢筋集合。因此，将钢筋直径作为离散变量进行优化，钢筋组合优化为离散优化问题。采用四舍五入策略，可以将离散变量编码转化为一组连续的整数，离散优化问题可以转化为连续优化问题。采用映射的方法来索引钢筋库中的钢筋序号见表 4.2-1；每个整数表示钢筋编号，其中列出了 7 个可用的钢筋直径，整数 0 表示无钢筋，钢筋直径的变化范围为 12mm 到 25mm。此外，根据允许的最大钢筋数，变量的尺寸是可调整的。图 4.2-1 显示了一个六维的钢筋组合优化解决方案示例，表明钢筋组合为两根 18mm 直径钢筋。

整数	钢筋直径(mm)	变化范围
0	0	$[-0.49, 0.49]$
1	12	$[0.5, 1.49]$
2	14	$[1.5, 2.49]$
3	16	$[2.5, 3.49]$
4	18	$[3.5, 4.49]$
5	20	$[4.5, 5.49]$
6	22	$[5.5, 6.49]$
7	25	$[6.5, 7.49]$

四舍五入策略	个体	0.1	3.8	3.8	0.2	0.2	0.3
	解决方法	0	4	4	0	0	0
	钢筋直径 (mm)	0	18	18	0	0	0

图 4.2-1 钢筋组合的示例

对于某一钢筋组合，只考虑钢材这一种材料，材料成本与钢筋的总面积成比例。因此，在优化模型中，以钢筋总面积为目标函数，数学表达式为：

$$\text{Minimize} \quad F = \sum_{i=1}^{N_{\text{rebar}}} \pi d_{i,\text{rebar}}^2 / 4 \tag{4.2-1}$$

式中：F——钢筋组合优化的目标函数；

$d_{i,\text{rebar}}$——钢筋组合中第 i 根钢筋的直径；

N_{rebar}——钢筋的数量；

在钢筋组合优化中，钢筋组合的解决方案应验证是否符合约束条件。在优化中，搜索策略考虑解决方案的适应度函数值。适应度函数由目标函数和惩罚函数构成，通过引入外惩罚函数使钢筋组合符合约束。各个约束条件对应的罚函数如下：

• 钢筋组合的总面积应超过并尽量接近所需的钢筋面积的最小值，对应罚函数 P_{area}：

$$P_{\text{area}} = \begin{cases} \left(\dfrac{A_{\text{rebar\_provided}}}{A_{\text{rebar\_required}}} \right)^2, & \text{若 } A_{\text{rebar\_provided}} \geqslant A_{\text{rebar\_required}} \\ \inf, & \text{若 } A_{\text{rebar\_provided}} < A_{\text{rebar\_required}} \end{cases} \tag{4.2-2}$$

式中：$A_{\text{rebar\_provided}}$——钢筋组合总面积；

$A_{\text{rebar\_required}}$——所需要的钢筋总面积。

• 钢筋根数的罚函数 P_{rebar}：

$$P_{\text{rebar}} = \left(\frac{N_{\text{rebar}}}{N_{\text{rebar\_max}}} \right)^2 \tag{4.2-3}$$

式中：$N_{\text{rebar\_max}}$——允许的最大钢筋数。

• 钢筋直径的罚函数 P_{dia}：

$$P_{\mathrm{dia}} = \left(\frac{N_{\mathrm{dia}}}{2}\right)^2 \tag{4.2-4}$$

式中：N_{dia}——钢筋直径的数量。

• 钢筋组合的罚函数 P_{comb}：

$$P_{\mathrm{comb}} = \begin{cases} N_{\mathrm{com}}, & \text{若钢筋组合未被使用} \\ 1, & \text{若钢筋组合已被使用} \end{cases} \tag{4.2-5}$$

式中：N_{com}——钢筋组合的数量。

因此，在目标函数中引入各个罚函数，可将原目标函数转化为惩罚目标函数 F'：

$$\text{Minimize} \quad F' = (P_{\mathrm{area}} + P_{\mathrm{rebar}} + P_{\mathrm{dia}} + P_{\mathrm{comb}}) F \tag{4.2-6}$$

假定在某个钢筋混凝土框架中，选取一个钢筋混凝土梁柱节点，其柱截面是 400mm×400mm，两个方向的梁的矩形截面均为 400mm（高）×200mm（宽）。根据设计规范，得到可以满足强度和要求的梁柱各部分钢筋的最小面积：A_{Cc} 为 300mm²，A_{Cx} 和 A_{Cy} 为 1200mm²，A_{Bb} 为 622mm²，$A_{\mathrm{B/t}}$ 为 615mm²，A_{Bt} 为 506mm²，A_{Brt} 为 798mm²。由表 4.2-2 可见，通过提出的配筋智能优化方法，可以得到最优的钢筋组合。

梁柱中各部分钢筋的最优钢筋组合　　表 4.2-2

构件	A_{Cc} 钢筋组合	$A_{\mathrm{Cx}}/A_{\mathrm{Cy}}$ 钢筋组合	构件	A_{Bb} 钢筋组合	$A_{\mathrm{B/t}}$ 钢筋组合	A_{Bt} 钢筋组合	A_{Brt} 钢筋组合
柱	1φ20	4φ20	梁	2φ20	2φ20	2φ18	4φ16

通过 NFO 算法对建立的钢筋组合优化模型进行求解，得到的柱角钢筋为 1 根直径 20mm 的钢筋，柱边筋为 4 根直径为 20mm 的钢筋；得到的梁底部通长钢筋为 2 根直径 20mm 的钢筋，梁顶部伸入左侧支座 2 根 20mm 的钢筋，梁顶部通长钢筋为 2 根 18mm 的钢筋，梁顶部伸入右侧支座的 4 根 16mm 的钢筋。根据优化得到的钢筋组合结果，可以看出采用 NFO 算法可以得到钢筋数量适量且钢筋种类较少的钢筋组合。

4.3　基于人工势场法的混凝土框架梁柱节点智能深化设计

人工势场法是由 Khatib[3] 提出的一种经典的路径规划方法，被广泛应用于移动机器人和控制器的导航和避障。人工势场法的基本思想是仿照物理学中电势和电场力的概念，将机器人或者智能体在环境中的移动视为在人为抽象的虚拟势力场中的移动，其中智能体是指在特定环境下实现其目标的自主实体。在智能体的移动环境中，在目标点处建立引力势场，引力的大小随着智能体与目标点距离的减小而减小，引力的方向是由智能体指向目标点；在障碍物处建立斥力势场，在斥力场的影响范围以外，智能体不受斥力作用，在斥力场的影响范围以内，斥力的大小随着智能体与障碍物距离的减小而增大，斥力的方向总是由障碍物指向智能体。引力场和斥力场共同形成总体的人工势场。智能体在人工势场中，受到引力的作用向目标点移动，同时在斥力的作用下远离障碍物。因此，智能体是由斥力和引力对智能体的合力作用下完成路径规划。

在人工势场中，目标点处设为低势能区域，障碍物处设为高势能区域。简单来说，人工势场法中路径规划的原则是智能体总是从一个较高的势能位置移动到一个较低的势能位置。人工势场法的工作原理如图 4.3-1 所示。

相比于其他的路径规划算法，人工势场法具有两个显著的特点：（1）计算简单，目标点、障碍物和智能体的位置信息可以准确地反映在构建的整体势场中，且数学公式表达清晰，易于实现；智能体在前进过程中，路径点是由所受到的斥力和引力共同确定的，避免计算量冗杂，计算复杂度低，计算时间短，内存占用少；（2）稳定性强，在已知起点、终点和障碍物位置的情况下，智能体的路径与环境之间形成闭环，增加了智能体避障的稳定性，从而可以得出一致可靠的无碰撞路径。

目前，人工势场法已经应用于机器人的二维空间路径规划任务中[4]，引导机器人成功地完成路径规划并到达目标点。在无人飞行器在三维空间的路径规划任务中[5]，人工势场法同样可以找到无碰撞的路径。

在进行混凝土结构深化设计时，可以将钢筋的智能排布问题视为钢筋路径规划问题。建立基于多智能体系统的钢筋排布模型。在钢筋排布模型中，智能体的任务是从起始点移动到目标点，并能自动避开障碍物。将混凝土构件中的每根钢筋表示为可以进行规划无碰撞轨迹的智能体，智能体的连续轨迹是钢筋的排布，同时也满足了起始点和目标点的要求。

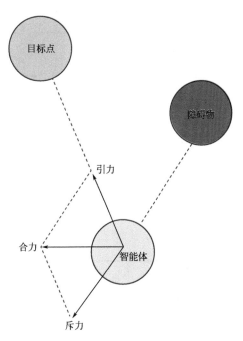

图 4.3-1 人工势场法的工作原理

将梁柱节点定义为智能体的三维工作空间，在此三维工作空间中建立局部坐标系。设置柱角的左下角为坐标系原点，X 和 Y 轴的方向分别与横向和纵向的梁平行，Z 轴方向与柱平行。为保证钢筋排布的精度，采用单元尺寸为 1mm×1mm×1mm 的单元对三维工作空间进行网格划分。智能体进行路径规划时，路径点只在网格点处获取。由于离散空间的基本单元为 1mm，所以钢筋排布精度为 1mm，满足设计规范要求。

在传统的钢筋排布中，钢筋应均匀分布在构件的横截面上，满足规范规定的钢筋间距和混凝土保护层的要求。因此，假设钢筋按照传统的方式，预先均匀排布在构件中，智能体的起始点和目标点分别设置为预设钢筋的两端。如果智能体到达了目标点，将沿着智能体的路径排布钢筋，并在下一次钢筋排布计算中将其定义为障碍。因此，智能体将遇到三种类型的障碍物：边界、不同方向钢筋和同方向钢筋。

如图 4.3-2 所示，混凝土梁柱节点智能钢筋排布流程图与实际施工近似一致。如果节点为角节点或边节点，则应在所有纵向钢筋排布完毕后进行梁纵筋弯钩部分的排布。在此过程中，相应纵筋的末端放置一个新的智能体，以保证钢筋弯钩部分与其他钢筋之间不发生碰撞。如果在节点处不存在其他钢筋，表示柱钢筋的智能体仅受引力作用，路径即是钢筋的排布。

在传统的机器人人工势场法中，机器人的轨迹在保证避开障碍物到达目标点的同时，又经过平滑处理，使机器人以接近恒定速度移动。与之相反的是，在实际建筑施工中，钢

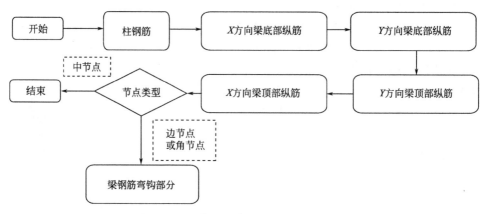

图 4.3-2　混凝土梁柱节点智能排布流程图

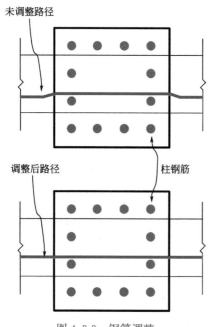

图 4.3-3　钢筋调整

筋应该尽量为直线，弯折越少越好。采用人工势场法时，智能体的初始路径是光滑的，但在碰撞的位置会有弯折。如图 4.3-3 所示，当智能体路径的形状不能满足钢筋形状的设计要求时，路径点应自动偏移到距初始路径最远的规划点，直到新路径为直线且无碰撞。

对于图 4.1-4 所示的 6 种常见的梁柱节点，采用人工势场法进行钢筋排布。钢筋排布方法在个人计算机上的 MATLAB 2017 中实现，计算机配置如下：Intel Core i7-7700K CPU @ 4.20 GHz；16GBRAM；Windows 10 专业操作系统。每个节点处，矩形柱截面为 600mm×600mm，柱角筋为 4 根直径 20mm 的钢筋，柱边筋为 16 根直径 18mm 的钢筋。每根梁的矩形截面为 500mm（高）×300mm（宽），梁顶部和底部纵筋均为 6 根 18mm 的钢筋。梁和柱的混凝土保护层均设置为 30mm，箍筋直径为 8mm。在每个节点中，将 20 根柱纵筋和 24 根梁纵筋作为智能体，完成智能钢筋排布。

在三维工作空间中，智能体采用人工势场法完成路径规划，参数设置见表 4.3-1，节点区所有的智能体均可以成功到达各自的目标点。

改进的人工势场法的参数设置　　　　　　　　　　　　　　　表 4.3-1

参数	取值	定义
k	1	引力系数
η	100	斥力系数
ρ_0	1	障碍物影响范围

6 个节点区钢筋的智能排布三维可视化模拟结果如图 4.3-4 所示；图中红色钢筋表示柱纵筋，蓝色钢筋表示 X 方向梁纵筋，绿色钢筋表示 Y 方向梁纵筋。从图中可以看出，顶部节点处的柱筋延伸至柱顶，水平向节点处向内弯曲，柱筋弯钩部分可绕过其他钢筋；中间层节点的柱筋贯穿节点，所有梁筋均可绕过柱筋；Y 方向顶部梁筋可以向下绕过 X 方向梁筋，X 方向底部梁筋可以向上绕过 Y 方向梁筋。在边节点和角节点处，需要锚固在节点处的钢筋均延伸对截面，并向节点内弯曲且绕过其他的钢筋。此外，钢筋间距和混凝土保护层厚度均满足设计规范要求，避免了钢筋堵塞。

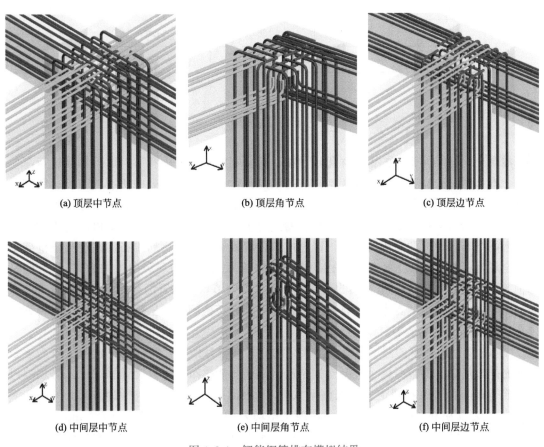

(a) 顶层中节点　　　　　　　　(b) 顶层角节点　　　　　　　　(c) 顶层边节点

(d) 中间层中节点　　　　　　　(e) 中间层角节点　　　　　　　(f) 中间层边节点

图 4.3-4　智能钢筋排布模拟结果

采用人工势场法对 6 种节点进行钢筋排布的计算时间见表 4.3-2。在每个节点中，钢筋数量均为 44 根。每个节点的钢筋排布时间分别为 76.2s、106s、124.1s、89.6s、114.6s 和 141.9s。边节点和角节点由于梁筋弯钩的部分计算需要更多的计算时间；可见钢筋排布的总时间与运行人工势场法的次数呈正相关。在顶部节点中，由于柱筋弯钩使得智能体的工作空间更加复杂，钢筋排布的时间相对较多。这是因为智能体躲避障碍物的次数增加，需要花费更多的时间来远离障碍物，并到达目标点。每根钢筋的平均计算时间为 1.7～2.1s。因此，人工势场法具有计算效率高，速度快的特点，适合钢筋根数较多条件下的钢筋智能排布。

六种节点智能钢筋排布计算时间　　　　　　　　　　　表 4.3-2

节点类型		钢筋数量	采用人工势场法的次数	总时间(s)	每根钢筋的平均时间(s)
中间层	中节点	44	44	76.2	1.7
	边节点	44	56	106.4	1.9
	角节点	44	68	124.1	1.8
顶层	中节点	44	44	89.6	2.0
	边节点	44	56	114.6	2.0
	角节点	44	68	141.9	2.1

4.4 基于人工势场法的混凝土框架结构智能深化设计

混凝土框架结构整体的钢筋深化设计中，要分别对构件跨中和节点区的钢筋进行深化设计。本节对一个完整的两层框架结构进行钢筋深化设计。将框架中所有的节点、梁和柱进行编号，并确定在任意一个节点处汇集的梁和柱编号。通过遍历所有的节点，可以完成其中选用的所有梁柱和节点的钢筋排布。通过对未选用的梁柱进行遍历，可以完成剩余梁柱的钢筋排布。完成两次遍历后，可以完成整个混凝土框架的钢筋排布。在混凝土框架中建立全局坐标系，可以选择某一角柱的中心为坐标原点，横向和竖向主轴为 X 和 Y 向坐标轴，以垂直方向为 Z 向坐标轴的全局坐标系。根据节点的位置信息，可以获取每个节点的全局坐标。将每个节点中完成排布的钢筋局部坐标转换到全局坐标中，从而可以将钢筋排布在整体的混凝土框架中。

图 4.4-1 是所计算的两层混凝土框架结构的平面设计图纸，此框架中包含了较为复杂的钢筋排布场景。通过对这个混凝土框架进行钢筋智能排布，可以验证采用人工势场法进行钢筋排布的实用性和稳定性。该框架共有 23 根混凝土方形柱，柱截面均为 400mm×400mm，层高为 3600m。此框架中，混凝土梁均为截面 300mm（高）×200mm（宽）的矩形梁。根据结构分析计算结果，每个柱中有 4 根直径 20mm 的角筋和 8 根直径 14mm 的边筋；在每根梁中，梁顶部和底部钢筋均为 4 根直径 14mm 钢筋。梁和柱的混凝土保护层均为 30mm，外围箍筋直径均为 8mm。

此混凝土框架中，共有 46 个梁柱节点，需要建立 46 个的钢筋排布计算模型，采用人工势场法对 46 个节点进行钢筋排布计算。框架中共有 736 个梁钢筋和 552 个柱钢筋需要进行排布。图 4.4-2 是基于钢筋排布计算结果的两层混凝土框架的钢筋排布图，从图中可以看出，框架中所有的梁柱钢筋都已经完成排布。46 个梁柱节点钢筋排布计算时间的直方图如图 4.4-3 所示。46 个节点的计算总时间为 2638s，计算每个节点需要的平均时间为 57s。计算结果表明，采用人工势场法能快速、准确地求解框架中各节点的钢筋排布问题，避免钢筋碰撞和堵塞。

此框架中，编号 J4、J27、J7、J30 节点的钢筋排布较为复杂。这些节点中，在柱两侧

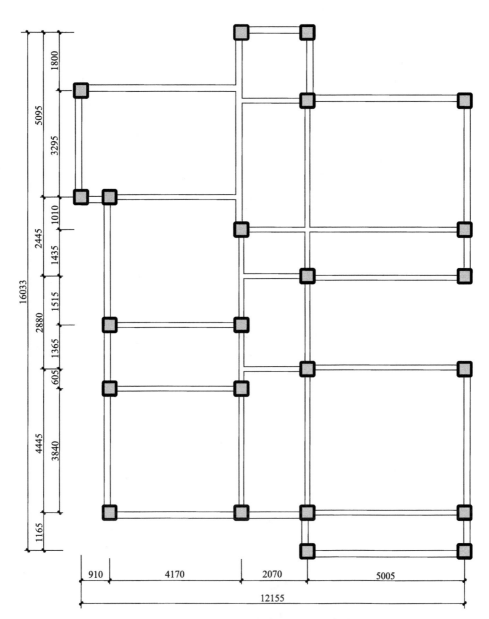

图 4.4-1 两层混凝土框架的二维设计图

同一方向的梁水平位置发生了偏移，梁内的钢筋不能穿过节点区域，因此需要在节点处进行锚固。由于梁钢筋弯钩部分，压缩了节点中的可用空间，进一步增加了钢筋无碰撞排布的难度。如图 4.4-4 所示，采用人工势场法可以顺利完成复杂节点的钢筋无碰撞排布。在图中最复杂的 J4 节点中，共有 44 根钢筋，钢筋排布总运行时间为 137.4s。从图中可以看出，所有钢筋都可以相互绕过以避免碰撞。因此，人工势场法可以在复杂节点中准确地提供无碰撞的钢筋排布。

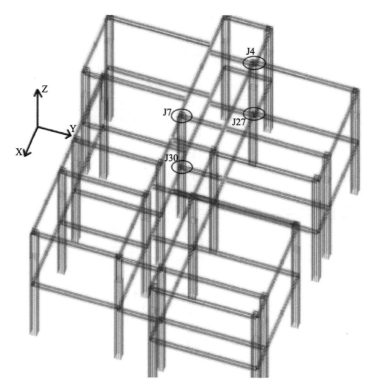

图 4.4-2　两层混凝土框架的钢筋排布结果

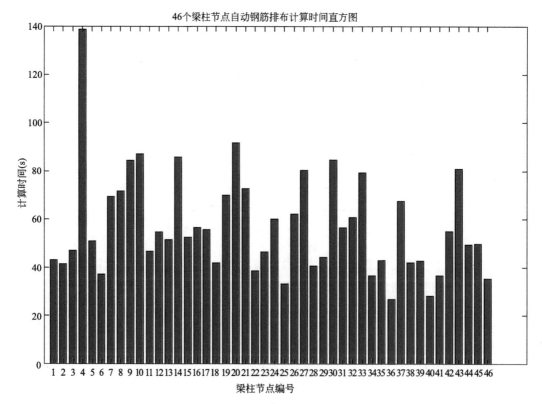

图 4.4-3　两层混凝土框架的钢筋排布结果

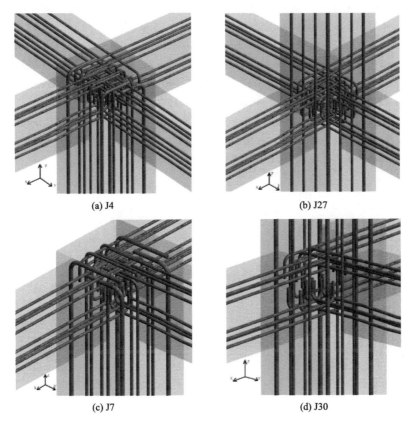

(a) J4

(b) J27

(c) J7

(d) J30

图 4.4-4　复杂节点的钢筋排布

4.5　本章小结

　　针对混凝土构件深化设计，本章提出基于近邻域优化算法的钢筋组合优化方法和基于人工势场法的钢筋智能排布方法。通过提出的钢筋智能排布方法，考虑钢筋的碰撞和堵塞问题，对于常见的六种钢筋混凝土梁柱节点和两层的钢筋混凝土框架进行钢筋智能排布方法的验证。研究结果表明，基于近邻域优化算法的钢筋组合优化方法能够计算得出合理的最优钢筋组合，降低材料成本，缩短施工时间。基于人工势场法的钢筋智能排布方法能够成功地完成六个常见的钢筋混凝土梁柱节点的钢筋智能排布，同时避免发生钢筋的碰撞和堵塞。对于钢筋混凝土框架，采用人工势场法可以快速有效地完成整体框架的钢筋排布，从而完成整体框架的深化设计。针对框架中较为复杂的梁柱节点，人工势场法可以准确地提供无碰撞的钢筋排布。

参考文献

［1］ LIU J，XU C，WU Z，et al. Intelligent rebar layout in RC building frames using artificial potential field［J/OL］. Automation in Construction，2020，114：103172.［2020-06-20］. https：//www. sciencedirect. com/science/article/abs/pii/S0926580519304339

［2］ WU Z，CHOW T W S. A local multiobjective optimization algorithm using neighborhood field ［J］. Structural and Multidisciplinary Optimization，2012，46（6）：853-870.

［3］ KHATIB O. Real-time obstacle avoidance for manipulators and mobile robots ［C］//Proceedings. 1985 IEEE International Conference on Robotics and Automation. IEEE，1985，2：500-505.

［4］ WARREN C W. Global path planning using artificial potential fields ［C］//Proceedings，1989 International Conference on Robotics and Automation. IEEE，1989：316-321.

［5］ LIU L，SHI R，LI S，et al. Path planning for UAVS based on improved artificial potential field method through changing the repulsive potential function ［C］//2016 IEEE Chinese Guidance，Navigation and Control Conference（CGNCC）. IEEE，2016：2011-2015.

5　基于智能进化算法的砌体墙深化设计方法

本章针对建筑工程中砌体墙砌块布置深化设计问题，提出了基于智能进化算法的砌块布局方法。采用提出的砌块布局方法，完成全顺式和一顺一丁式两种组砌方式的智能砌块布局。通过采用不同的优化算法，完成不同厚度和开洞情况的砌体墙的砌块布局优化，验证了提出的砌块布局方法的高效性和适用性。

5.1　砌体墙的砌块布局方法

在建筑行业中，砌体结构是建筑中应用非常广泛的结构类型[1]。在砌体结构中，砌体墙可以作为重要的承重构件，而在框架结构中，砌体墙也可以作为围护和分隔建筑空间的内墙或外墙[2]。在工程设计图中，仅以外边界来规定砌体墙的位置，而对于砌块在墙中的详细铺设并不给出规定，这样简化的设计图纸不能直接指导砌块的施工过程，因此砌体墙一般都是建筑工人在施工现场根据自己的经验进行砌筑。在建筑施工现场的墙体砌筑工作中，由于没有深化设计图纸作为依据，建筑工人常较为随意地进行砌块破碎和砌筑，造成砌块浪费较大；而且由于没有深化设计图纸，工程中所用的砌块总量很难精准算量，需要多准备砌块。由于工人随意破碎砌块且砌块需要多备料，造成了砌块总量10%以上的浪费，并制造了大量的建筑垃圾。因此在砌体工程中进行深化设计，是建筑工程提高效率、节省成本、减少浪费和建筑垃圾的重要手段。

在砌体墙的深化设计中，砌体墙中大量砌块的位置和尺寸需要进一步确定，使其满足施工要求。因此，砌块布局的规划是一项枯燥且复杂的工作。在实际工程中，给定墙体尺寸、砌块尺寸和灰缝类型，砌筑工人可以根据经验进行砌筑。技术水平高且经验丰富的砌筑工人可以在施工现场实时根据墙体尺寸进行砌筑。然而，砌体墙的砌筑质量和效率，主要取决于砌筑工人对建筑平面设计图纸的理解程度[3]。在当前的行业背景下，由于劳动力的老龄化和劳动强度的增加，熟练砌筑工人的短缺问题日益严重[4]。随着砌筑工人的短缺和工人技术水平的下降，工程设计中需要对砌体墙进行深化设计以便简化施工，同时有利于制定砌块的合理采购预算，有效降低成本。在砌体墙的深化设计方案中，所有的砌块均需明确表示，需提供每个砌块的尺寸和摆放位置，并标出详细的定位尺寸和灰缝尺寸等，导致设计工作量很大，尤其是砌块布局深化并不一定为平面布局，而常需根据砌块的三维尺寸进行空间布局，则难度和工作量更大。

在实际工程项目中，建筑深化设计通常是用计算机辅助设计（Computer Aided Design，CAD）软件来完成[5]。在传统的 CAD 软件中，没有提供工具可以自动的设计砌块布局[1]。目前，在 Building Information Modeling（BIM）技术的帮助下，可以通过不断地调整砌块尺寸和位置，获得合适的砌块布局方案，但是在 BIM 软件中对大量的砌块进行建模和调整非常耗时，效率很低。

如图 5.1-1 所示，砌块是砌体墙的常用基本单元，而水泥砂浆则用来填补砌块之间的空隙。砌体墙通常采用砌块与水泥砂浆粘合的方式进行砌筑。在砌体墙中，砌块应分层布置在横向灰缝上，砌块的侧面采用竖向灰缝进行连接。在砌筑过程中，砌块按特定的顺序依次放置在适当的位置。一层砌块术语称为一"皮"，每一皮砌块的顶部应确保在同一水平面上。

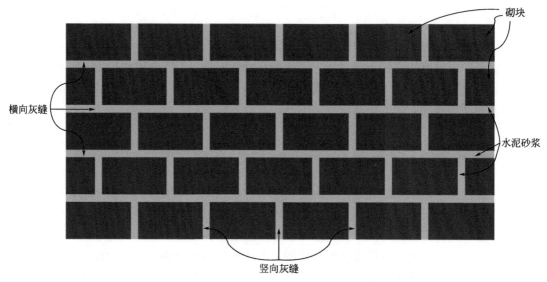

图 5.1-1 部分砌体墙中的砌块、水泥砂浆、竖向灰缝和横向灰缝

如图 5.1-2 所示，砌块可以根据放置方向分为"顺"和"丁"。"顺"和"丁"的竖向尺寸是砌块的高度，而"顺"的横向尺寸是砌块的长度，"丁"的横向尺寸是砌块的宽度。尽管砌块的尺寸根据地区的不同而不同，但砌块的长度通常等于砌块宽度的两倍和 10mm 水泥砂浆的总和。通常，需要使用切割砌块，使得一皮的砌块可以在两端产生偏移。对于"顺"式放置的砌块，常采用 1/4，1/2 和 3/4 的切块，而"丁"式放置的砌块，只采用 1/2 的切块。

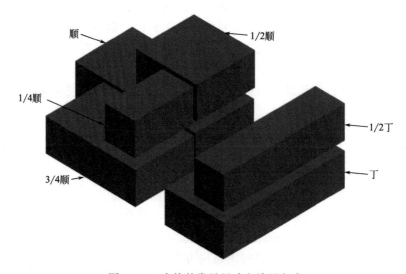

图 5.1-2 砌块的常见尺寸和放置方式

对于砌体墙来说，组砌方式是砌块在墙中的排列方式。为了保证墙的完整性和合理性，墙体上下相邻两皮的垂直灰缝应规则地错开。通常，所有奇数皮的砌块布局是一致的，且偶数皮的砌块布局也是一致的。如图 5.1-3 所示，常见的组砌方式为全顺式和一丁一顺式。组砌方式的选取取决于墙体和砌块的尺寸之间的关系。全顺式可用于半砖墙，在每一皮中，所有砌块均为顺式放置。一丁一顺式通常用于单砖墙或更厚的墙。在一丁一顺式中，砌块全部为顺式的皮与砌块全部丁式的皮间隔砌筑，这种砌筑方式可以提供更强的粘结强度。

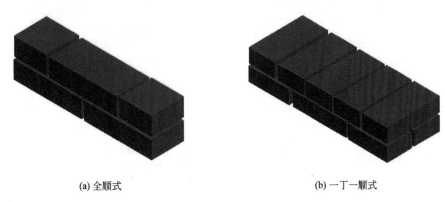

(a) 全顺式　　　　　　　　　　　　　　　　(b) 一丁一顺式

图 5.1-3　常见的组砌方式

为符合施工要求，砌块墙体砌筑中主要需考虑以下三个问题：

（1）水泥砂浆灰缝的厚度。灰缝的厚度范围设定为 $8 \sim 12mm$，最理想的厚度为 $10mm$。灰缝需要足够的厚度从而可以提供足够的粘结力，但灰缝的厚度过大，则会降低墙体的抗压强度。

（2）竖向灰缝规则错开。砌块砌筑时，相邻两皮的竖向灰缝需要错开，从而可以使荷载通过对角分布到基础上。如果出现竖向灰缝连续的现象，可能会在灰缝处形成裂缝，降低墙体的强度和稳定性。

（3）砌块切块的利用。切块的砌块可用于形成不同的组砌方式，完成砌体墙的装配。然而，切块的尺寸和数量处理不当会产生额外的材料浪费。因此，更可取的做法是利用特定的切块尺寸，并将切块的数量限制为一皮中不超过 2 个。

5.2　砌体墙智能深化设计框架

在未来的工程施工中，若实现自动砌块布局来确定墙体中每个砌块的尺寸和位置，即可实现砌体墙的深化设计，提高工程效率，降低综合成本。本书提出了一种基于 BIM 技术的自动砌体墙深化设计框架，如图 5.2-1 所示。所提出的框架由三个模块组成：（1）信息提取模块；（2）砌块布局模块；（3）数据输出模块。

为实现智能砌块布局，首先考虑与砌体墙有关的信息，包括砌块类型、组砌方式、砌体墙的位置和尺寸，且用户可根据墙体厚度及实际要求指定砌块类型及组砌方式。因此，在 BIM 模型中，根据墙体信息，对砌体墙进行简单的建模。从墙体模型中提取墙体全部角点的全局坐标，为生成砌块布局做准备。该模块还提供了用户输入组砌方式和砌块类型的接口。

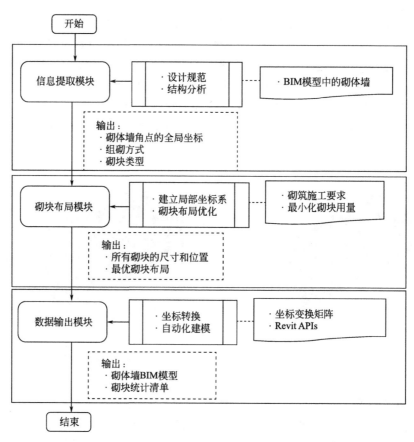

图 5.2-1 基于 BIM 技术的自动砌体墙深化设计框架

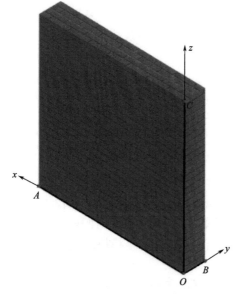

图 5.2-2 砌体墙的局部坐标系

为方便砌块智能布局，基于砌筑施工的逻辑，开发砌块布局模块。从原始的墙体 BIM 模型中提取的信息可以作为砌块布局模块的输入数据。通过调整灰缝厚度和使用切块，在砌块材料成本最小且符合砌筑施工约束条件的基础上，得到最优的砌块布局。如图 5.2-2 所示，对需要进行深化设计的墙体，建立局部坐标系。将砌体墙的角点（O）设为坐标原点，将砌体墙的三个正交边（$\overrightarrow{OA}$，$\overrightarrow{OB}$，$\overrightarrow{OC}$）设为三个坐标轴。砌块布局模块可以提供具有局部位置坐标、尺寸和放置方向的砌块序列，为砌块建模做准备。

根据砌块布局模块的计算结果，可以在数据输出模块中完成砌体墙的深化设计。将砌块在砌体墙中的局部位置坐标转换为在 BIM 模型的全局位置坐标。根据点 A（A_x，A_y，A_z）、B（B_x，B_y，B_z）、C（C_x，C_y，C_z）和 O（O_x，O_y，O_z）的全局坐标，可以定义坐标变换矩阵为：

$$T = \begin{pmatrix} A_x - O_x & A_y - O_y & A_z - O_z & 0 \\ B_x - O_x & B_y - O_y & B_z - O_z & 0 \\ C_x - O_x & C_y - O_y & C_z - O_z & 0 \\ O_x & O_y & O_z & 1 \end{pmatrix} \qquad (5.2\text{-}1)$$

通常，在 BIM 模型中，所有的砌块都可以进行手工建模。然而，砌体墙中需要进行建模的砌块数量很大，人工建模效率很低。为提高设计效率和简化建模过程，需要在 BIM 模型中对砌块进行自动化建模。在实际工程中，通常有两种方法可以实现自动建模。第一种方法是利用工业基础分类（Industry Foundation Classes，IFC）表示结构构件；IFC 是三维模型的一种数据格式，其建模策略是通过编辑实体的各种属性，实现构件的自动建模[6]；但是 IFC 在不同软件之间的转换不稳定，会造成部分信息的丢失[7]。第二种方法是借助应用程序接口（Application Programming Interface，API）扩展 BIM 软件功能，实现基于数据信息的自动化建模[8]；API 是在数据信息和 BIM 软件的应用核心之间建立关联的功能包。因此，本章利用 Autodesk Revit 中的 API，使用 C♯ 语言开发一个插件，用于实现砌块的自动建模。

所有的砌块都可以自动建模并组装成一面砌体墙，以替换 BIM 模型中原有的墙体。利用 Revit 的基本功能，可从 BIM 模型中导出墙体深化设计图。从具有详细砌块布局模型中，统计砌块的数量和大小，用于材料的采购。

5.3 基于智能进化算法的砌块布局

砌块智能布局是砌体墙深化设计中的一项关键且必不可少的任务。如前所述，为了创造性地优化砌块布局，自动化的方法必不可少。砌块布局目的是用砌块和水泥砂浆填满墙体，而在墙体中不出现空隙和砌块重叠，砌块也不超过原墙体的边界。在实际施工中，砌块总是从墙体的一端向另一端砌筑，从而形成一皮砌块。第一皮砌块位于墙体的底部，随后的各皮砌块将位于与下方一皮的砌块顶部重合的水平线上。因此，砌块布局优化可以建模为一个变形的二维背包问题。砌体墙可以看作是矩形空间，砌块可以看作需要装进容器的矩形物体。砌块布局优化的结果是得到砌体墙中所有砌块的位置和大小，所以对于给定的砌体墙，可能产生较多满足要求的砌块布局解决方案；可见这是一个 NP 难题（NP-hard，即 non-deterministic polynomial hard）问题，检查每个解决方案是否为最优不切实际。

针对砌筑施工的特点，本节提出一种解决砌块布局问题的分段优化方法。将砌块布局优化问题分解为三个可求解的优化子问题，降低了计算复杂度。如图 5.3-1 所示，基于实际施工过程，砌块布局优化将分为三个阶段。第一阶段，通过建立优化模型，对横向灰缝的厚度进行优化，以确定各皮的竖向位置。第二和三阶段，由于竖向灰缝需要错开，应分别建立奇、偶数皮的优化模型；在偶数皮的优化模型中，考虑奇数皮中竖向灰缝的位置，从而避免竖向灰缝的连续使得墙体强度下降。通过求解三个阶段优化模型，对各砌块的空间位置和尺寸进行优化，生成符合施工要求的砌块布局。

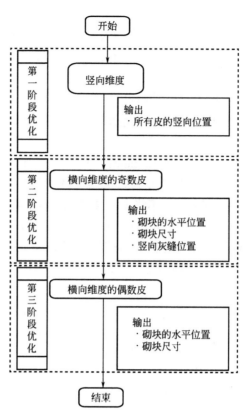

图 5.3-1　砌块布局优化流程图

5.3.1　第一阶段优化模型

在砌体墙中，皮数应为整数，且每一皮的高度由砌块的竖向尺寸和横向灰缝的厚度组成。无论砌块的放置方式如何，竖向尺寸都固定为砌块的高度。因此，在第一阶段的优化中，只需考虑各皮的横向灰缝厚度进行优化。通过计算各皮的横向灰缝厚度，可以确定各皮的竖向位置。

为标准化施工，灰缝的厚度被设为整数。按照施工要求，有五种可能的情况，即8mm、9mm、10mm、11mm 和 12mm。因此，将每种灰缝厚度类型的数量设置为离散变量，针对五种可能的情况，将求解维数设置为 5。离散变量范围由砌块高度与墙体高度比值决定，并用一组整数来表示。假设砌块高度为 40mm，墙体高度为 2500mm，变量范围则设为 0～52。为了将离散优化问题转化为连续优化问题，在优化模型中使用连续变量进行操作，将采用舍入策略将连续变量解码为离散变量。根据上述假设，可以得出一个可行解，如图 5.3-2 所示。这个示例解表示：10mm 厚度灰缝的个数为 50，其他厚度灰缝的个数为 0。

对于优化模型，采用适应度函数值作为搜索策略进行求解。引入外部罚函数构成适应度函数，使解符合约束条件。结合砌筑施工要求，列出以下约束条件：

（1）为了施工的方便，应尽量减少灰缝厚度类型的数量，对应罚函数 P_t：

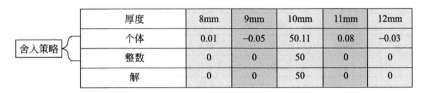

图 5.3-2 竖向维度优化模型解的示例

$$P_t = \frac{N_t}{5} \tag{5.3-1}$$

式中：N_t——灰缝厚度类型的数量。

（2）横向灰缝的厚度应尽可能均匀，以使其更加美观。对应罚函数 P_u：

$$P_u = \frac{\sum_{i=1}^{N_c}(T_i - \overline{T})}{N_c} \tag{5.3-2}$$

式中：N_c——皮的数量；

　　　$\overline{T}$——横向灰缝的平均厚度；

　　　T_i——第 i 皮的横向灰缝厚度。

（3）皮的数量越少，砌块的使用量就越少，从而可以节约材料成本。对应罚函数 P_c：

$$P_c = N_c \tag{5.3-3}$$

所有皮的高度总和应与墙高尽量相等。因此，竖向维度优化模型的适应度函数 F_v：

$$\text{Minimize} \quad F_v = \sqrt{(H_c - H_w)^2} + P_t + P_u + P_c \tag{5.3-4}$$

式中：H_c——所有皮的高度总和；

　　　H_w——墙高。

5.3.2 第二阶段优化模型

在第二阶段的优化中，通过优化砌块的尺寸和竖向灰缝厚度来调整奇数皮中砌块的用量和水平位置。由于砌块尺寸的变量具有明显的离散性，模型采用了同样的舍入策略，将连续变量转化为离散变量。在奇数皮中，可用于全顺式和一丁一顺式的砌块尺寸相同。见表 5.3-1，奇数皮中可用的砌块尺寸为无砌块（NB）、1/4 顺式砌块（QRS）、1/2 顺式砌块（HS）、3/4 顺式砌块（$TQRS$）和整顺式砌块（FS），由 0～4 的连续整数表示。由于切块只用于一皮的两端，因此在一个解决方案中，所有的砌块尺寸只能用于第一个和最后一个砌块，而其他砌块只考虑 NB 和 FS。由于灰缝厚度范围为 8～12mm，竖向灰缝厚度的值由 8～12 的连续整数表示。

奇数皮优化模型的变量编码　　　　　　　　　　　　表 5.3-1

灰缝厚度	整数	变量范围	砌块尺寸	整数	变量范围
8mm	8	$[7.50, 8.49]$	NB	0	$[-0.49, 0.49]$
9mm	9	$[8.50, 9.49]$	QRS	1	$[0.50, 1.49]$
10mm	10	$[9.50, 10.49]$	HS	2	$[1.50, 2.49]$

灰缝厚度	整数	变量范围	砌块尺寸	整数	变量范围
11mm	11	$[10.50, 11.49]$	$TQRS$	3	$[2.50, 3.49]$
12mm	12	$[11.50, 12.49]$	FS	4	$[3.50, 4.49]$

奇数皮优化模型解中应包括相同数量的维度，用于表示灰缝厚度和砌块尺寸。解的维度取决于砌块长度与墙体长度的比值。假设顺式砌块的长度为190mm，墙长为1000mm，解的维度设为10。对于假设的情况中，有一个解是每个砌块的尺寸为FS，所有的竖向灰缝厚度为10mm。图5.3-3给出了在全顺式和一丁一顺式中可以得到这个解的示例。

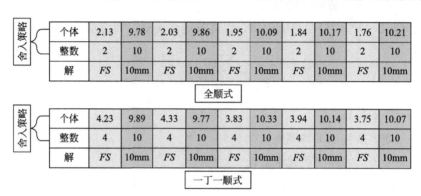

图5.3-3　奇数皮优化模型解的示例

对于奇数皮的优化模型，仍考虑灰缝厚度类型的数量和灰缝厚度的均匀性的约束，如式（5.3-1）和式（5.3-2），其他约束条件如下：

（1）在一皮中，砌块的数量越少，可以降低材料成本，减少砌筑时间，对应的罚函数P_{br}为：

$$P_{br} = N_{br} \tag{5.3-5}$$

式中：N_{br}——一皮中砌块的数量。

（2）减少切块的使用，有利于减少材料的浪费。对应的罚函数P_{bb}为：

$$P_{bb} = \frac{N_{bb}}{2} \tag{5.3-6}$$

式中：N_{bb}——一皮中切块的数量。

所有砌块和竖向灰缝的总长度应与墙体长度尽量相等，因此，奇数皮优化模型的适应度函数F_{odd}为：

$$\text{Minimize} \quad F_{odd} = \sqrt{(L_{bj} - L_w)^2} + P_t + P_u + P_{br} + P_{bb} \tag{5.3-7}$$

式中：L_{bj}——所有砌块和竖向灰缝的总长度；

　　　L_w——墙体长度。

5.3.3　第三阶段优化模型

在第三阶段优化中，优化变量与第二阶段相似。相邻皮切块的可用尺寸因组砌方式的不同而不同。如表5.3-2所示，对于全顺式，在偶数皮切块的可用尺寸与奇数皮的相同。对于一丁一顺式，可用的切块尺寸为NB、1/2丁式砌块（HH）和整丁式砌块（FH），它们由 0～2 的连续整数表示。在偶数皮中，全顺式的解的维度与奇数皮相同，而一丁一顺式的解的维度取决于砌块宽度与墙体长度之比。因此在偶数皮中，一丁一顺式解的维数大于全顺式解的维数。与奇数皮竖向灰缝厚度的变量取值相同，偶数皮的灰缝厚度取值也用 8～12 的连续整数表示。

偶数皮砌块尺寸的编码　　　　　　　　表 5.3-2

全顺式			一丁一顺式		
砌块尺寸	整数	变量范围	砌块尺寸	整数	变量范围
NB	0	$[-0.49, 0.49]$	NB	0	$[-0.49, 0.49]$
QRS	1	$[0.50, 1.49]$	HH	1	$[0.50, 1.49]$
HS	2	$[1.50, 2.49]$	FH	2	$[1.50, 2.49]$
$TQRS$	3	$[2.50, 3.49]$			
FS	4	$[3.50, 4.49]$			

对于偶数皮的优化模型，需要进一步考虑一个约束条件，即偶数皮的竖向灰缝应与奇数层错开，对应罚函数 P_j 如下：

$$P_j = \begin{cases} N_j, & \text{若竖向灰缝连续} \\ 0, & \text{若竖向灰缝错开} \end{cases} \tag{5.3-8}$$

式中：N_j——连续的竖向灰缝的数量。

偶数皮优化模型的适应度函数 F_{even} 如下：

$$\text{Minimize} \quad F_{even} = \sqrt{(L_{bj} - L_w)^2} + P_t + P_u + P_{br} + P_{bb} + P_j \tag{5.3-9}$$

5.4　砌体墙的智能深化设计方法

为在不同厚度的简单砌体墙中实现砌块的智能布局，本节将粒子群算法（Particle Swarm Optimization，PSO)[9]、差分算法（Differential Evolution，DE)[10] 和近邻域算法（Neighborhood Field Optimization，NFO)[11] 等三个优化算法应用于砌块布局模块，墙体的尺寸如图 5.4-1 所示。

PSO 是在一种基于群体协作的随机搜索算法，受到生物种群行为特性的启发，进行优化问题的求解。DE 是一种模拟生物进化的自适应全局优化算法，通过群体内个体之间的相互合作和竞争产生群体智能。NFO 同样是一种基于群体协作的随机搜索算法，个体主要受局部环境的影响，总是从周围区域收集信息，并与邻居交换信息。

在图 5.4-1 中，砌体墙使用的砌块类型为 190mm×90mm×40mm。两面墙的高度设定为 3200mm，长度设定为 4000mm。墙 A 的厚度为 90mm，墙 B 的厚度为 190mm；墙 A 的砌筑方式是全顺式，而墙 B 的砌筑方式是一丁一顺式。

表 5.4-1 为采用文献 [12] [13] [14] 提出的 PSO、DE 和 NFO 优化算法中控制参数的取值。在 PSO 中，将 c_1 和 c_2 设为 2，ω 设为 0.5；在 DE 中，缩放因子 F 设为 0.5，交叉概率 Cr 设为 0.9；在 NFO 中，学习率 α 设为 0.3，交叉概率 Cr 设为 0.1。砌块布局模块是在一台个人计算机上运行，配置如下：Intel Core i7-7700K CPU @4.20 GHz；16 GBRAM。在第一阶段优化中，将优化的最大循环次数 T_{max} 设为 100，种群规模 M 设为

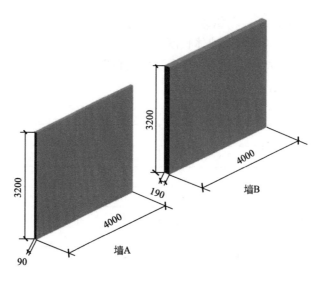

图 5.4-1　两个不同厚度的砌体墙

50；在第二和第三阶段，T_{max} 设为 400，M 设为 200。

参数设置 表 5.4-1

算法	参数
PSO	$\omega \in [0.4, 0.9]$，$c_1 = c_2 = 2$
DE	$F = 0.5$，$Cr = 0.9$
NFO	$\alpha = 0.3$，$Cr = 0.1$

　　如图 5.4-2 所示，采用三种算法完成了两面墙的砌块布局。从图中可以看出，在墙 A 中实现了全顺式而在墙 B 中实现了一丁一顺式砌筑。砌块被放置在适当的位置，在不超过墙边界的情况下充分填充墙体。水泥砂浆灰缝均匀且充分，竖向灰缝错开以提供足够的粘结能力。总体看来，每一面墙体的砌块布局方案都是可行的，满足砌筑施工的要求。与 PSO 和 DE 相比，NFO 算法生成的砌块布局更加对称和规则。

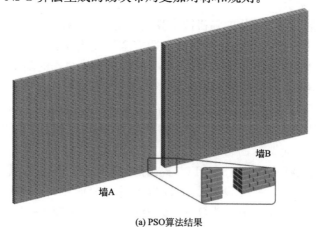

(a) PSO算法结果

图 5.4-2　使用三种算法的两面墙的砌块布局（一）

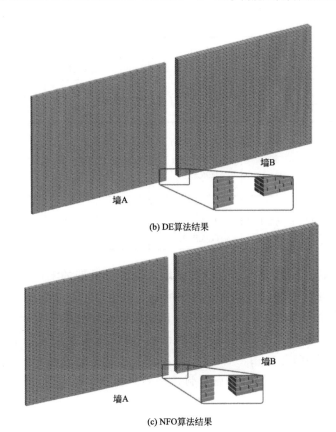

(b) DE算法结果

(c) NFO算法结果

图 5.4-2 使用三种算法的两面墙的砌块布局（二）

三种算法的优化结果见表 5.4-2，表中最优结果用粗体标记。对于墙 A，NFO 算法可以在 1.32s、21.15s 和 54.34s 内完成三个阶段的优化。对于墙 B，三个阶段 NFO 算法分别需要 1.30s，20.55 和 98.49s。与 PSO 和 DE 算法相比，NFO 算法的计算时间更短。在墙 A 的砌块布局中，NFO 计算得出需要 1248 个 FS 和 64 个 HS，砌块尺寸的类型数量为 2 个；而使用 PSO 和 NFO，得出砌块的数量为 1248 个 FS、32 个 $TQRS$ 和 32 个 QRS，砌块尺寸的类型数量为 3 个。在墙 B 的砌块布局中，NFO 和 DE 计算得出需要 1280 个 FS，1248 个 FH 和 64 个 HS，砌块尺寸类型数量是 3 个；而使用 PSO，得出的砌块数量是 1216 个 FS，64 个 $TQRS$，64 个 QRS 和 1280 个 FH，砌块尺寸类型数量是 4 个。相比之下，采用 NFO 得到的结果，砌块的用量和使用种类数量上最少，是相对更优的方案。从计算效率和材料经济性上考虑，NFO 算法的计算结果最优。

三种算法的优化结果　　　　　　　　　　　表 5.4-2

算法	墙 A				墙 B			
	计算时间(s)			砌块数量	计算时间(s)			砌块数量
	第一阶段	第二阶段	第三阶段		第一阶段	第二阶段	第三阶段	
NFO	**1.32**	**21.15**	**54.34**	FS:1248; HS:64	**1.30**	**20.55**	**98.49**	FS:1280; FH:1248; HH:64

算法	墙 A				墙 B			
	计算时间（s）			砌块数量	计算时间（s）			砌块数量
	第一阶段	第二阶段	第三阶段		第一阶段	第二阶段	第三阶段	
PSO	1.41	21.97	56.07	FS：1248；$TQRS$：32；QRS：32	1.52	21.71	101.42	FS：1216；$TQRS$：64；QRS：64；FH：1280
DE	1.62	24.37	65.13	FS：1248；$TQRS$：32；QRS：32	1.67	24.31	116.25	FS：1280；FH：1248；HH：64

　　为验证所开发基于 BIM 技术的自动砌体墙深化设计框架的实用性和有效性，设计了两个由不同砌体墙围合的房间，如图 5.4-3 所示，并在 Revit 中建立了所有墙体的原始 BIM 模型。在这两个房间中，通过采用 NFO 的三阶段优化完成了编号为 1～7 的 7 面砌体墙的智能砌块布局。墙 1、2 和 3 的厚度为 90mm，砌筑方式为全顺式；墙 4、5、6 和 7 的厚度为 190mm，砌筑方式为一丁一顺式；墙 2 和 5 设置了 1305mm×2000mm 的门开洞，墙 3 和 6 设置 1200mm×1000mm 的窗开洞。

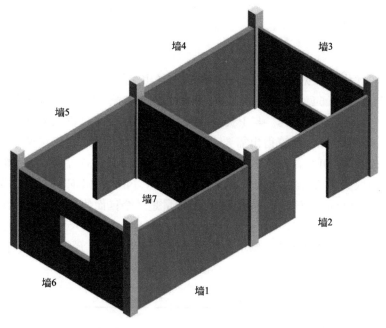

图 5.4-3　不同砌体墙包围的两个房间

　　如图 5.4-4 所示，将有开洞的墙体区域划分为若干子区域，便于实现砌块布局。对于有门开洞的墙，将墙体区域分为三个子区域。对于有窗开洞的墙，墙体区域分为四个子区域。所有子区域的砌块布局按数字顺序依次完成。在进行上部子区域第一层的砌块布局时，要考虑下部子区域上层竖向灰缝的位置信息，从而确保相邻上下子区域竖向灰缝错开。砌体墙或子区域的尺寸见表 5.4-3，从表中可以看出，砌体墙的高度和长度是非模块化的。

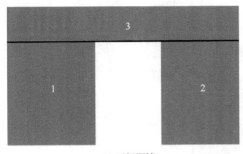

(a) 开门洞墙

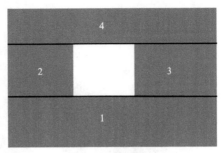

(b) 开窗洞墙

图 5.4-4　砌体墙的区域划分

七面砌体墙的设计信息　　　　　　　　　　　　表 5.4-3

墙	开洞类型	子区域编号	砌筑方式	墙高(mm)	墙长(mm)	墙厚(mm)
墙 1	无	—	全顺式	2700	4500	90
墙 2	门开洞	子区域 1	全顺式	2000	1500	90
		子区域 2	全顺式	2000	1650	90
		子区域 3	全顺式	700	4455	90
墙 3	窗开洞	子区域 1	全顺式	1000	4280	90
		子区域 2	全顺式	1000	1690	90
		子区域 3	全顺式	1000	1390	90
		子区域 4	全顺式	700	4280	90
墙 4	无	—	一丁一顺式	2700	4455	190
墙 5	门开洞	子区域 1	一丁一顺式	2000	1500	190
		子区域 2	一丁一顺式	2000	1700	190
		子区域 3	一丁一顺式	700	4500	190
墙 6	窗开洞	子区域 1	一丁一顺式	1000	4280	190
		子区域 2	一丁一顺式	1000	1690	190
		子区域 3	一丁一顺式	1000	1390	190
		子区域 4	一丁一顺式	700	4280	190
墙 7	无	—	一丁一顺式	2700	4280	190

　　采用 NFO 对七面墙的砌块布局模块进行了三阶段优化计算，如图 5.4-5 所示；自动生成 7 面墙的砌块布局 BIM 模型，替换两个房间原有的墙体模型。BIM 模型可以根据砌块布局模块的计算结果，快速有效地描述每个砌块的位置和尺寸。从图中可以看出，在七面墙的砌块布局中，没有留有缝隙或砌块重叠的情况，也没有超出墙的边界。在墙体中，尤其是开洞附近，没有出现连续的竖向灰缝情况，可保证墙体的强度和稳定性。

　　在两个房间中，七面墙的三阶段优化结果见表 5.4-4。在七面墙中，共完成了 17 次的

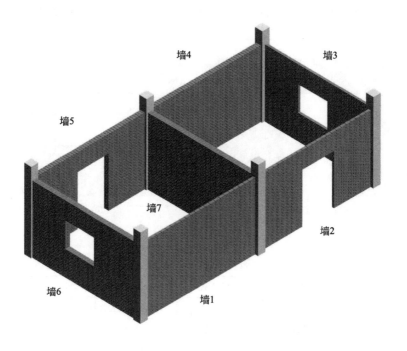

图 5.4-5　七面砌体墙的砌块布局

砌块布局优化实验。在所有计算条件下，三个阶段的计算时间分别为 $0.63\sim1.58$s，$13.19\sim$ 83.60s 和 $14.89\sim128.85$s，总计算时间为 $35.16\sim208.3$s。所开发的砌块布局模块可以在较少的时间内计算得出最佳的砌块布局。随着墙体高度和长度的增加，各阶段优化所需时间增加。对于一丁一顺式墙体，偶数皮的解维数大于奇数皮的解维数。在第三阶段优化中，还需要验证竖向灰缝错开这一约束。因此，第三阶段优化所需的时间通常大于第二阶段。不同的是，在有窗开洞的墙体的子区域 2 和 3，在执行第二阶段优化时，需要考虑子区域 1 最上皮的竖向灰缝位置。对于子区域 2 和 3，由于分区 1 的长度较长，第二阶段优化的竖向灰缝错开验证次数大于第三阶段优化的验证次数。因此，在这些子区域的第三阶段优化的计算时间小于第二阶段。在七面墙中，砌块的数量为 7295 个 FS，82 个 $TQRS$，201 个 HS，263 个 QRS，4251 个 FH 和 178 个 HH。整块的砌块数量是 11546，切块砌块的数量是 724。切块砌块占总砌块用量的比例较小，可降低人工破碎砌块的成本，并减少砌块的浪费。

七面墙的三阶段优化结果　　　　　　　　　　　　　　　　表 5.4-4

墙		计算时间（s）				砌块数量
		第一阶段	第二阶段	第三阶段	总时间	
墙 1		1.50	25.99	71.86	99.35	FS:1188;HS:27;QRS:54
墙 2	子区域 1	1.08	13.49	20.59	35.16	FS:280;HS:40;
	子区域 2	1.07	14.02	22.59	37.68	FS:320;QRS:40
	子区域 3	0.51	53.47	66.78	120.76	FS:308;QRS:14

墙		计算时间(s)				砌块数量
		第一阶段	第二阶段	第三阶段	总时间	
墙3	子区域1	0.66	24.36	64.23	89.25	FS:420;QRS:20
	子区域2	0.67	30.51	22.48	53.66	FS:160;HS:20
	子区域3	0.66	25.95	14.89	41.50	FS:130;HS:20
	子区域4	0.51	56.24	64.79	121.54	FS:279;$TQRS$:14;QRS:7
墙4		1.58	24.63	124.46	150.67	FS:1188;QRS:54;FH:1188;HH:27
墙5	子区域1	1.11	13.67	29.59	44.37	FS:280;HS:40;FH:280;HH:40
	子区域2	1.01	14.11	33.80	48.32	FS:320;HS:40;FH:320;HH:40
	子区域3	0.51	80.94	126.85	208.30	FS:308;HS:14;FH:308;HH:14
墙6	子区域1	0.65	24.02	116.31	140.98	FS:420;QRS:20;FH:420;HH:10
	子区域2	0.64	43.33	33.83	77.80	FS:140;$TQRS$:40;FH:170
	子区域3	0.63	35.49	26.47	62.59	FS:140;FH:130;HH:20
	子区域4	0.50	83.60	116.06	200.16	FS:280;$TQRS$:28;FH:301
墙7		1.47	24.15	116.84	142.46	FS:1134;QRS:54;FH:1134;HH:27

因此，开发基于 BIM 技术的自动砌体墙深化设计框架可以为完成砌块布局的砌体墙提供自动生成的 BIM 模型，直接指导施工现场的砌筑工作。砌块的统计清单还可以从砌块布局中获得，用于砌块采购。该框架可智能化地自动实现砌体墙的深化设计，以降低砌筑施工时间和减少砌块的额外浪费。

5.5 本章小结

针对砌体墙构件的砌块布置深化设计，本章提出基于智能优化算法的砌块布局方法，可完成全顺式和一顺一丁式两种组砌方式的砌块布局，从而可以得到砌体墙构件中各个砌块的尺寸和位置。通过完成两面简单的砌体墙的砌块布局优化，对比了三种智能优化算法的计算效率；通过对两个房间中，无开洞、开门洞和开窗洞的砌体墙的砌块布局进行砌块布局优化，验证了提出的砌块布局方法的适用性。研究结果表明，本章提出的基于智能优化算法的砌块布局方法能够计算得出合理的砌体墙的砌块布局，可以实现全顺式和一顺一丁式两种组砌方式。通过对比 PSO、DE 和 NFO 三种优化算法实现砌块布局的结果和优化时间可见，NFO 算法计算时间较短，更适合用于砌体墙的砌块布局。通过采用 NFO 算法快速有效地完成两个房间中无开洞、开窗洞和开门洞的砌体墙的砌块布局，可以得到各个砌体墙的深化设计详图和砌块统计清单，从而完成砌体墙的深化设计。

参考文献

[1] BONWETSCH T，BÄRTSCHI R，HELMREICH M. BrickDesign [M]. Rob Arch 2012. Germany：

Springer, Vienna, 2013: 102-109.

[2] HENDRY A W. Masonry walls: materials and construction [J]. Construction and Building materials, 2001, 15 (8): 323-330.

[3] LYNCH G C J. Brickwork: History, Technology and Practice: v. 2 [M]. UK: Routledge, 2015.

[4] AGUAIR M L, BEHDINAN K. Design, Prototyping, and Programming of a Bricklaying Robot [J]. Journal of Student Science and Technology, 2015, 8 (3).

[5] DENG M, GAN V J L, TAN Y, et al. Automatic generation of fabrication drawings for façade mullions and transoms through BIM models [J]. Advanced Engineering Informatics, 2019, 42: 100964.

[6] MANGAL M, WANG Q, CHENG J C P. Automated clash resolution of steel rebar in RC beam - column joints using BIM and GA [C] //ISARC. Proceedings of the International Symposium on Automation and Robotics in Construction. IAARC Publications, 2017, 34.

[7] SCHEER S, AYRES FILHO C, AZUMA F, et al. CAD-BIM requirements for masonry design process of concrete blocks [C] //CIB W78 International Conference on Information Technology in Construction. 2008, 25: 40-47.

[8] LIU J, XU C, WU Z, et al. Intelligent rebar layout in RC building frames using artificial potential field [J]. Automation in Construction, 2020, 114: 103172.

[9] KENNEDY J, EBERHART R. Particle swarm optimization [C]. Proceedings of ICNN'95-International Conference on Neural Networks. IEEE, 1995, 4: 1942-1948.

[10] STORN R, PRICE K. Differential evolution - a simple and efficient heuristic for global optimization over continuous spaces [J]. Journal of global optimization, 1997, 11 (4): 341-359.

[11] WU Z, CHOW T W S. A local multiobjective optimization algorithm using neighborhood field [J]. Structural and Multidisciplinary Optimization, 2012, 46 (6): 853-870.

[12] SHI Y, EBERHART R C. Empirical study of particle swarm optimization [C] //Proceedings of the 1999 congress on evolutionary computation-CEC99 (Cat. No. 99TH8406). IEEE, 1999, 3: 1945-1950.

[13] BREST J, GREINER S, BOSKOVIC B, et al. Self-adapting control parameters in differential evolution: A comparative study on numerical benchmark problems [J]. IEEE transactions on evolutionary computation, 2006, 10 (6): 646-657.

[14] ZHANG X, WU Z. Study neighborhood field optimization algorithm on nonlinear sorptive barrier design problems [J]. Neural Computing and Applications, 2017, 28 (4): 783-795.

6 基于点云数据的建筑构部件及场景平整度智能检测

本章提出了一种平整度自动检测算法和一种基于彩色编码差异图的平整度检测结果可视化方法。针对平整度自动检测算法，考虑建筑与构件表面尺寸差异较大的特点，提出两种不同的数据预处理方法。对于建筑表面数据，采用表面数据分割以及平面拟合来创建标准参考面；对于构件表面数据，引入预制构件 BIM 设计模型作为标准参考面，并提出一种分级搜索域方法来提高模型与扫描数据的匹配效率。针对提出的平整度自动检测算法与检测结果可视化方法的实用性与便利性，采用一组未找平的房间以及两组足尺预制混凝土构件进行了验证。

6.1 平整度智能检测集成算法框架

目前国内外进行建筑构部件的平整度检测中，一般均采用直尺或塞尺的人工测量方法，即使已有研究人员提出一些基于三维激光扫描技术的测量方法，但是没有一种方法可以同时用于建筑表面与构件表面，并提供直观的平整度检测结果可视化效果图；本章所提出的平整度自动检测算法，是解决这个问题的一种有效方法[1]。

如图 6.1-1 所示，本章所提算法主要由三部分组成，分别为点云数据预处理、建筑表面平整度检测以及构件表面平整度检测。本章所提算法考虑了建筑与构件表面尺寸差异较大的特点，将算法分为了两个不同的模块，并针对这两类混凝土表面点云数据提出了两种不同的预处理手段。

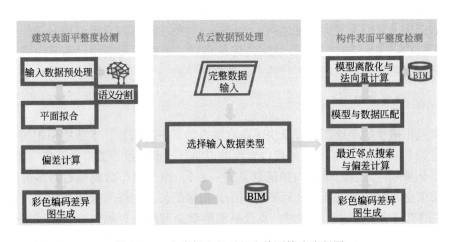

图 6.1-1　本章提出的平整度检测算法流程图

一方面，在进行建筑表面平整度检测时，由于输入的建筑表面数据量通常较大，需要进行点云轻量化、表面分割等预处理，并根据分割表面的数据量大小筛选需要进行平整度检测的表面；然后将每个表面通过平面拟合的方式来构造参考面，并进行点云数据与参考面的距离偏差计算，最后自动生成彩色编码差异图输出。

另一方面，对于构件表面平整度检测，由于混凝土表面范围相对较小，因此本章算法考虑引入 BIM 设计模型作为参考。首先，将离散化模型进行法向量的逐点计算；然后，本章提出一种基于最大杠杆值采样的分级搜索域方法来提高最近邻点搜索效率；在模型匹配完成后，基于法向量方向搜索最近邻点并计算该点至模型表面的偏差；最后自动生成彩色编码差异图输出。

本章所提算法中的两个模块虽然预处理方法不同，但平整度检测原理相同，且彩色编码差异图能直观地反映平整度偏差分布情况。

6.2 施工后建筑场景点云数据集制作

对于大型建筑场景或者一些复杂预制构件，为了避免点云数据由于被遮挡所带来的缺失，一般被扫描的对象需要在不同的位置或角度进行多站扫描。所有扫描站的点云数据在拼接之后被统一至同一坐标系中，而本章算法的输入数据正是拼接后的建筑场景点云数据或完整的预制构件点云数据。

在完成点云数据拼接后，不属于被测表面的噪声数据需要从输入数据中移除，而且用于平整度检测的输入数据类型也需要提前确定，从而确定接下来的处理程序。本章算法采用人为选择或利用被扫描对象的设计模型进行选择。人为选择可以省略过多的计算操作，而采用设计模型匹配来进行选择，可以同时筛选出需要在下一阶段中进行处理的表面[2-3]。

为了自动分割与识别建筑点云数据，本章 PointCNN[4] 点云神经网络模型对输入建筑点云数据进行语义分割。常用的室内点云数据集包括大规模三维室内空间数据集[5]（Large-scale 3D indoor spaces dataset，S3DIS），ScanNet[6] 数据集等，均为室内办公或起居场景点云数据集，这些数据集并非直接采用三维激光仪采集，其数据噪声与点云特点都与实际三维激光扫描点云有所差异。由于目前暂未有基于三维激光扫描的实际室内建筑场景点云数据集可以用于对点云神经网络的训练，因此本章通过对 8 套成品房屋进行点云数据采集并处理，完成了对包含 69 组室内建筑场景点云数据集制作。本节中将详细介绍对本章点云数据采集的方案以及创建的点云数据集信息。

6.2.1 点云数据采集方案

三维激光扫描仪的全景扫描可以快速获取室内场景中的信息。本节中采用的三维激光扫描仪型号为 Faro S150，根据扫描仪内置参数说明[7]，室内点云数据的采集一般选用 1/5 或 1/8 扫描分辨率，二者的单站扫描信息见表 6.2-1；由于制作数据集时需尽可能附上更多扫描对象信息，因此扫描模式选用彩色扫描。扫描时长与扫描质量选择相关，如图 6.2-1 所示，采用高扫描质量进行扫描时，点云平面的截面范围将更加集中，而采用低扫描质量时，点云平面的截面范围将明显增宽。本节中室内点云数据采集选用 4x 扫描质量，该扫描质量的条件一般对应于室外晴天环境下的选项，已明显超过室内扫描 3x 选项。因此，表 6.2-1 中给出的扫描时长对应于彩色扫描模式下，4x 扫描质量选项的花费时间。根据

表 6.2-1 中的相关信息，综合考虑成品房屋所需的 10～20 站扫描次数以及处理后总数据量大小，本节最终选用 1/8 扫描分辨率进行点云数据采集。

1/5 与 1/8 扫描分辨率的扫描信息　　　　　　　　表 6.2-1

扫描分辨率	扫描尺寸	点数量(百万)	点间距(mm/10m)	扫描时长(4x)
1/5	8192×3413	28.0	7.7	<7min49s
1/8	5120×2133	10.9	12.3	<5min01s

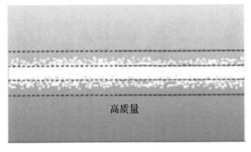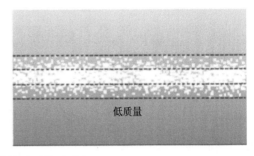

图 6.2-1　不同质量的平面截面对比

为保证扫描后的房间点云数据能够拼接成功，在各房间内设置扫描站点后，需要在房间连接处增加扫描站点才能确保两个房间之间具有足够的公共部分。图 6.2-2 给出了 8 套商品房的拼接后示意图以及被红色圆圈出的各站点分布情况。

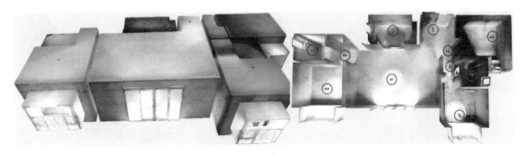

(a) 房间1

(b) 房间2

图 6.2-2　扫描点云与扫描站点（一）

(c) 房间3

(d) 房间4

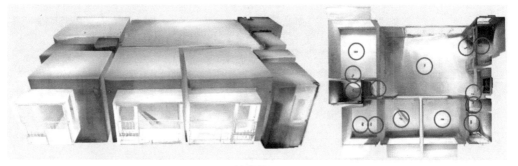

(e) 房间5

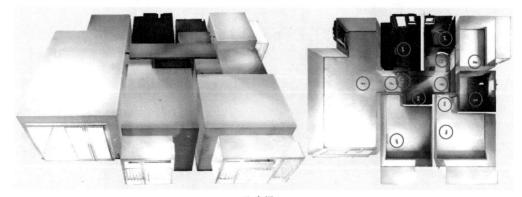

(f) 房间6

图 6.2-2　扫描点云与扫描站点（二）

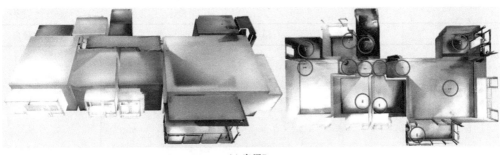

(g) 房间7

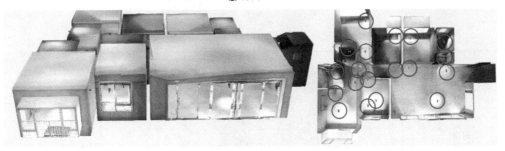

(h) 房间8

图 6.2-2　扫描点云与扫描站点（三）

如图 6.2-2 所示，扫描站点最少的房间为 4 号房间，总共具有 7 站扫描点云，而扫描站点最多的房间为 8 号房间，总共具有 19 站扫描点云。各房间扫描点云利用 Faro SCENE 软件[7] 完成拼接并根据采集照片附着颜色信息，数据量最少的房间点云也达到千万点级别。最终，通过对每个房间点云的人工筛选、分割及标记，将获得初步处理的基于三维激光扫描的室内结构点云数据集。

6.2.2　数据集制作信息

将 1~8 号房间的点云数据按照客厅、卧室、卫生间、厨房及走廊五个类型的使用功能进行人工分块后，总共获得 69 组场景扫描点云。其中，1 号房间分为 7 组场景；2 号房间分为 8 组场景；3 号房间分为 7 组场景；4 号房间分为 5 组场景；5 号房间分为 10 组场景；6 号房间分为 9 组场景，7 号房间分为 10 组场景；8 号房间分为 13 组场景。由于房间阳台部分的场景较少，因此阳台场景将不列入数据集，该室内结构点云数据集的基本信息见表 6.2-2。

本章中室内结构点云数据集信息　　　　　　　　　　　　　　表 6.2-2

功能名称	样本点云	样本数量
客厅		8

续表

功能名称	样本点云	样本数量
卧室		27
厨房		8
卫生间		16
走廊		10

　　本节采用人工选择方法将被选择的点云赋予语义标签，例如墙、地面、天花板等。所有场景点云被逐一分割，所有的人工标记结果被设置为真实值用于点云神经网络的训练。

　　为降低点云神经网络的计算开销，本节采用一种基于图结构滤波处理的保持特征采样方法[8]来控制各场景点云总数据量小于一千万，其中，采样对象一般为大表面点云对象，例如墙、地面和天花板等。由于本节主要对数据集制作信息的进行介绍，所使用的采样方法将在 6.3 节中进行描述。

如图 6.2-3 所示，图中以 4 号房间为例，展示了采用人工方法进行场景分块、对象选择以及赋予语义标签的语义分割结果，其中不同对象类别的分割数据采用不同颜色进行显示。

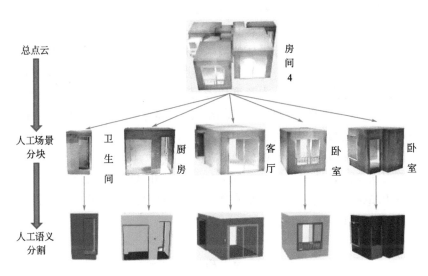

图 6.2-3 点云数据集制作示例

所创建的室内结构点云数据集，在考虑施工后清水商品房场景的实际情况下，将所有场景内物体分为 8 种对象类别，分别为杂乱点云、天花板、地面、墙、门、窗、管道以及电子元件。由于目前的扫描场景中不存在具备明显特征的梁柱构件，因此在进行人工分割时，并未完全把梁柱表面点云与墙面点云分离，而是统一划分为墙的类别。当然，在后续的数据积累过程中，若出现更多具备明显独立特征的柱构件被扫描，本数据集将会更新类别数量，而在本章中仅以目前的 8 种对象类别用于 PointCNN 模型进行语义分割训练。

6.3 建筑表面平整度检测

根据图 6.1-1，建筑表面平整度检测主要分为四步，其中由于偏差计算易于实施，本节中将其与第四步合并进行说明。

6.3.1 输入数据预处理

建筑表面平整度检测的输入点云数据一般为整体扫描房间或者较大建筑场景，这表示建筑表面点云数据的主要特点就是具有一个较大的扫描面积。因此，这类混凝土表面点云数据通常都具有千万或者上亿的三维激光扫描点[9]。为了避免大量点云数据造成的巨大计算负荷，对输入数据进行预处理就显得尤为重要。

由于使用原始扫描点云数据中的采样数据不会对检测结果产生重大的影响[2]，因此所提出的算法先进行采样来降低点云数据的总数据量，再采用表面分割算法来获取每个建筑表面的点云数据。

处理大规模的点云数据依赖于高性能计算机的强大计算能力，所以使用采样方法进行数据轻量化是减轻计算负荷与加快处理速率的有效方法。传统的轻量化算法通过用少量数据点替代其他具有相同特征的数据点来实现数据简化的目的，例如空间体素网格法（Voxel Grid）[10]、聚类采样算法[11] 等。这些算法处理速度较快，但数据简化后获得的点云数据不为原始数据中的数据点，而是某些特征点，如网格质心或聚类中心等。因此，这类算法的采样结果通常会改变初始点的坐标，并且对于一些曲面特征采样并不准确。在此基础上演化的其他算法提高了对曲面部分采样的效果，但是需要计算一些几何特征而增大了计算量，例如基于曲率的聚类方法[12] 等。考虑现有点云轻量化方法中存在的问题，为了保证采样过程不会影响采样点的坐标，本章算法采用了一种基于图结构滤波处理的保持特征采样方法[8] 来进行建筑表面点云数据的轻量化。这种基于图结构滤波处理的保持特征采样方法采用高通滤波器进行图结构的过滤，从而在减少表面点云数据的同时保留整体结构的边缘轮廓，该方法计算过程如下所述。

设一组建筑表面点云数据 $P = \{p_1, p_2, \cdots p_m\}$，可以根据它们空间三维坐标的局部几何信息来构造图结构。该点云数据带权重的 $m \times m$ 阶邻接矩阵 W 中任意两点 p_i 与 p_j 之间的权重系数 $W_{i,j}$ 见式（6.3-1）：

$$W_{i,j} = \begin{cases} e^{\frac{-\|p_i - p_j\|_2^2}{\sigma^2}}, \|p_i - p_j\|_2^2 \leqslant dist \\ 0, \|p_i - p_j\|_2^2 > dist \end{cases} \tag{6.3-1}$$

式中：σ——邻域点方差；

$dist$——邻域点计算阈值。

由式（6.3-1）可知，邻域范围内的所有邻域点与计算点 p_i 距离越近则权重越大。邻域点计算阈值 $dist$ 大小则反映了对点云数据中局部信息的计算范围大小，本章中采用的默认阈值为 2cm。在进行 $W_{i,j}$ 计算时，可以利用 KD-tree[13] 或者 Octree[14] 等数据结构方法进行邻域点搜索计算。另外，由于点云数据量远大于局部邻域范围内的点数量，因此 W 可以用稀疏矩阵的形式进行储存或计算。

本章算法中采用的滤波器为哈尔高通图结构滤波器 $h_{HH}(A)$，它是一阶线性滤波器，见式（6.3-2）：

$$h_{HH}(A) = I - A \tag{6.3-2}$$

$$A = D^{-1}W \tag{6.3-3}$$

$$D_{i,j} = \begin{cases} \sum_j W_{i,j}, i = j \\ 0, i \neq j \end{cases} \tag{6.3-4}$$

式中：I——$m \times m$ 阶单位矩阵；

A——$m \times m$ 阶图位移运算符；

D——该图结构带权重的度矩阵。

图顶点域中任意点 p_i 经过 $h_{HH}(A)$ 滤波后的局部变化响应能量 $f_i(P)$ 由式（6.3-5）计算：

$$f_i(P) = \|(h_{HH}(A)P)_i\|_2^2$$

$$= \parallel p_i - \sum_j A_{i,\,j} p_j \parallel_2^2 \qquad (6.3\text{-}5)$$

根据图结构滤波采样中的定理[8]，任意数据点的采样概率正比于式（6.3-5）中的局部变化响应能量。因此，在计算出所有数据点的局部变化响应能量后，从大到小依次采样直至满足预设采样率的总点数，即可实现保留轮廓特征的点云数据轻量化。图 6.3-1 给出了采用该方法进行采样的一个示例，其中初始点云的数据量约为 1.2×10^7，采样率设置为 10％。

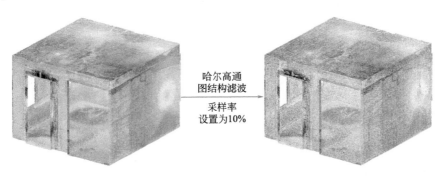

图 6.3-1　采用哈尔高通图结构滤波器的采样示例

在点云数据采样之后，本章算法采用训练后的 PointCNN 模型与区域增长算法对输入点云数据中的墙面与地面等进行表面数据提取。其中，表面分割数据低于数据总量 10％的部分将被移除，因为表面积太小的部分不需要进行平整度检测。

6.3.2　参考平面拟合

参考平面拟合步骤是本章算法对建筑表面平整度检测的重点部分。因为基于点云数据的建筑表面平整度检测本质上是在扫描表面的不同位置计算相对高程差，受 Shih 和 Wang[15] 的启发，一旦可以获得参考平面，就能在任意位置计算相对高程差。

为保证参考平面能尽可能地表示扫描平面上的所有三维激光点，80％点云数据被随机选择来进行平面拟合。在本章算法中，基于 RANSAC 算法[16] 思想，反复计算 n 次并根据式（6.3-6）的拟合残差 res 输出最佳拟合平面：

$$res = \sum_{i=1}^{m} (z_i - \hat{z}_i) \qquad (6.3\text{-}6)$$

式中：m——选择数据点的总数；

　　　z_i——第 i 个数据点的 Z 轴坐标；

　　　$\hat{z}_i$——第 i 个数据点在拟合平面上的 z 坐标值。

在取得参考平面时，也可以根据三维平面方程的系数获得单位法向量 $\vec{n}$ 的坐标。当仅需要参考平面与点云数据的相对偏差，则不需要进行法向量方向的确定。然而，当需要确定扫描平面的凹凸情况时，则需要提供一个参考点或者参考单位向量 $\vec{n}_r$，例如扫描房间的中心点坐标或者 Z 坐标轴等。单位法向量可以根据式（6.3-7）进行确定：

$$\vec{n} = \begin{cases} \vec{n} & \vec{n} \cdot \vec{n}_r > 0 \\ -\vec{n} & \vec{n} \cdot \vec{n}_r \leqslant 0 \end{cases} \qquad (6.3\text{-}7)$$

图 6.3-2 给出了参考方向为 Z 坐标轴的平面拟合示例，其中参考平面的单位法向量以

蓝色显示且拟合计算次数 *num* 取为 300。如图 6.3-2（b）所示，当给定足够的计算次数，平面拟合结果将趋于稳定。

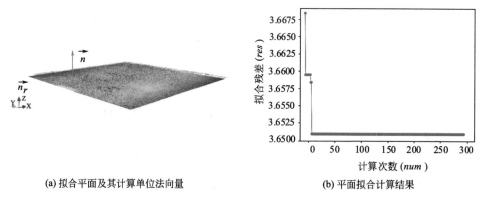

(a) 拟合平面及其计算单位法向量   (b) 平面拟合计算结果

图 6.3-2　拟合平面及其计算单位法向量示例

6.3.3　建筑表面平整度差异的计算与表示

所提出的算法通过计算每个数据点到参考平面的距离作为数据点位置的相对高程差，且相对高程差的正负性通过参考平面的单位法向量进行确定。因此，被检测表面的平整度可以根据各数据点的相对高程差以不同的颜色进行显示。

在本章算法中，颜色表示范围阈值 h 被设置为生成彩色编码差异图的输入参数，并且区间 $[-h, h]$ 被划分为六等份。在这些区间内，彩色编码根据区间逐渐变化，而超过该区间范围的部分都以红色表示。当 h 被设置为我国国家标准《混凝土结构工程施工质量验收规范》GB 50204—2015[17] 中给定的限值，如 h 设置为 8mm 时，建筑表面平整度检测的可视化表示即可如图 6.3-3 所示，图中任意表面位置的平整度偏差程度可以轻易得知。

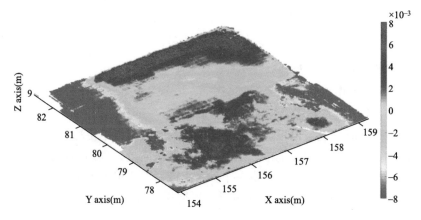

图 6.3-3　扫描地面数据的彩色编码偏差图示例

6.4　构件表面平整度检测

由于预制构件通常具有许多相对较小的平面，与建筑点云数据相比，表面数据分割与平面拟合都将变得更加困难，因此本章算法采用 BIM 设计模型进行辅助计算。

6.4.1　BIM 设计模型预处理

以一个预制混凝土楼梯的 BIM 设计模型为例，其数据预处理过程如图 6.4-1 所示。根据 Revit API[18] 进行二次开发，本章算法先将 BIM 设计模型转化为多边形网格表示形式，再填充所有多边形网格得到稠密的模型点云数据。

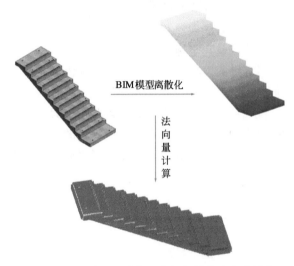

图 6.4-1　离散化设计模型数据的单位法向量计算

模型点云数据中所有表面上的数据点都作为参考点，它们共同组成众多参考平面。基于这些参考点，扫描的预制构件点云数据可以沿着这些参考点的单位法向量方向来计算它们每个位置的相对高程差。这些参考点的单位法向量可以根据模型本身的固有信息导出或采用主成分分析算法[19] 进行计算。

6.4.2　模型点云数据与扫描点云数据匹配

为了自动地将模型点云数据与扫描点云数据匹配，本节中先采用最大杠杆值采样算法[20] 与四点全等集合（4-points congruent sets——4PCS）算法[21-22] 进行粗匹配，再利用迭代最近邻点（Iterative closest point——ICP）算法[23] 进一步完成精匹配操作。

在粗匹配阶段，基于 RANSAC 算法的思想，本节中采用多次计算并根据式（6.4-1）中的 DOC 值[24] 输出最佳粗匹配结果。

$$DOC = A_{match}/A_{total} \times 100\%$$ （6.4-1）

式中：A_{total}——模型数据点的总数；

　　　A_{match}——模型数据点中匹配点的总数。

在精匹配阶段，由于本节中的离散化模型点云数据为稠密的表面点云数据，若采用相同较大半径的搜索域来进行最近邻点搜索会造成巨大的计算负荷。因此，为了提高在精匹配过程中每个数据点的最近邻匹配点的搜索效率，本章算法提出了一个基于最大杠杆值算法的分级搜索域方法来赋予不同层级的模型数据点以不同的搜索半径。

首先，根据式（6.4-2）至式（6.4-4）计算所有模型数据点的杠杆值，然后依据杠杆值大小将所有数据点从大到小排列，最后将所有数据点分为 4 个等级，且每个等级的数据量相等。

$$h_{ii} = a_i (A^\mathrm{T} A)^{-1} a_i^\mathrm{T} \tag{6.4-2}$$

$$a_i = (\vec{n}_i \otimes p_i, \vec{n}_i) \tag{6.4-3}$$

$$\vec{n}_i \otimes p_i = (n_{i1} x_i, n_{i1} y_i, n_{i1} z_i, n_{i2} x_i, n_{i2} y_i, n_{i2} z_i, n_{i3} x_i, n_{i3} y_i, n_{i3} z_i) \tag{6.4-4}$$

式中：　　　　　A——特征描述矩阵；

　　　　　　　　h_{ii}——由 A 计算的帽子矩阵中第 i 行对角线元素；

　　　　　　　　a_i——A 中第 i 行特征描述向量；

$\vec{n}_i$，$(n_{i1}$，n_{i2}，$n_{i3})$——计算点的法向量及其坐标；

　p_i，$(x_i$，y_i，$z_i)$——计算点及其坐标。

如图 6.4-2 所示，不同等级的模型点云数据用不同颜色来表示。第一级的所有点云数据以红色表示，由于它们代表设计模型的整体几何特征，一旦匹配成功，则整体匹配结果将更加理想。因此，在匹配过程中第一级点云数据被赋予最大的搜索半径（例如 2cm）来在预制构件点云数据中搜索其对应的最近邻点。其他等级的点云数据的搜索半径将依次减小，从而减小这些表面点的计算时间。在确定搜索半径之后，采用 ICP 算法完成预制构件点云与模型点云数据的精匹配操作。

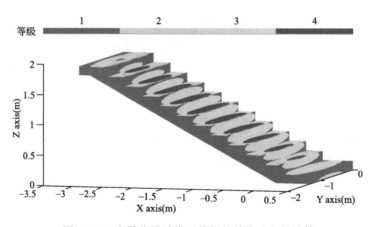

图 6.4-2　离散化设计模型数据的单位法向量计算

6.4.3　构件表面平整度差异的计算与表示

构件表面的相对高程差计算是以模型点云数据作为参考点，通过在其单位法向量方向搜索预制构件点云数据中的最近邻点来实现。图 6.4-3 给出了基于任意参考模型点 p_i 计算相对高程差的过程说明。

如图 6.4-3 中所示，第一幅图中的蓝色点表示离散化的模型点云数据，由于模型点云数据较为规则，因此呈阵列式排布。红色点表示实际的扫描点云数据，由于实际扫描对象不是绝对平整且为多站扫描后的拼接数据，因此呈现比模型数据更为散乱的排布情况。另

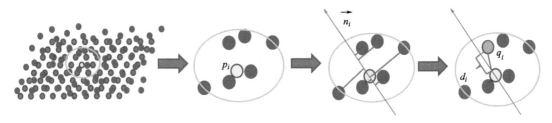

图 6.4-3　基于参考模型点计算偏差的说明

外，模型点云数据中的黄色点表示此时计算的参考模型点 p_i，橙色的圈定范围表示其邻域点计算范围，本章算法中默认设定为 2cm。在第二幅图中，红色点即表示属于 p_i 邻域内的扫描点云数据，并且相对高程差 d_i 由这些红色点计算。第三幅图中给出了参考模型点的单位法向量 $\vec{n}$。根据 p_i 与 $\vec{n}$ 可以确定过 p_i 的三维直线方程，并可以计算所有红色邻域点到该直线的距离。第四幅图中的绿色点 q_i 为到直线距离最小点，它被用来进行相对高程差计算。最终，相对高程差 d_i 为 q_i 到 p_i 的距离在单位法向量 $\vec{n}$ 上的投影长度。

　　计算完所有模型参考点的高程差之后，模型点云数据可以提供一个可视化的标准表征示例，因此本章算法将平整度信息通过模型点云数据进行表示。构件表面点云数据的彩色编码偏差图生成方法与建筑表面数据一致，本节不再说明。

6.5　建筑表面平整度检测实验

　　为验证本章所提算法对实际建筑表面点云数据的平整度检测效果，本节对一个施工后未用水泥砂浆找平的房间进行了点云数据采集，该房间的实际尺寸为 5.30m×5.20m×3.75m。本节通过对每个表面检测结果的对比，分析了平整度检测中需要注意的问题，给出相应的建议。

6.5.1　实验数据信息

　　在本次实验中，采用三维激光扫描仪对该实验房间进行了三次扫描，所有的扫描站在拼接后作为本次实验的输入数据。

　　如图 6.3-1 所示，本次实验的输入数据包含 12071244 三维激光扫描点，采用哈尔高通图结构滤波器进行点云数据采样。采样率设置为 10%，得到约为 $1.2×10^6$ 采样后点云数据。

　　另外，将房间表面点云数据采用 PointCNN 模型语义分割及大平面筛选后，用于平整度检测的分割表面总共包含 6 面墙体，1 个屋顶以及 1 个地面，图 6.5-1 给出了所有分割表面以及它们相应的实验数据命名。

　　所有的分割表面都被依次进行平整度检测。在实验中，单个分割表面点云数据用于生成彩色编码差异图的范围阈值 h 被设置为该表面点云数据的最大绝对偏差。另外，对于整体显示效果时，如前文所述，h 根据规范中的最大限制被设置为 8mm，所有平整度相对高程差超过范围的部分都以红色进行表示。

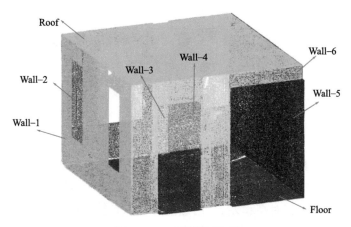

图 6.5-1　表面分割结果

6.5.2　实验结果与分析

图 6.5-2 至图 6.5-4 给出了本章算法对于 8 个建筑表面点云数据的平整度检测结果。其中，图 6.5-2 为扫描房间的整体彩色编码差异图，并且从前后两个视角进行了平整度检测结果展示。图 6.5-3 为单个表面数据的平整度信息可视化结果。图 6.5-4 给出了每个检测表面中绝对偏差小于 8mm 限值的点云数据占该表面点云数据的百分比情况。

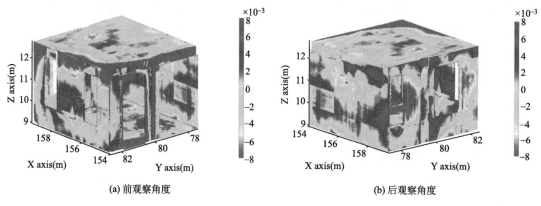

(a) 前观察角度　　　　　　　　　　　　　(b) 后观察角度

图 6.5-2　整个房间数据的彩色编码差异图

从图 6.5-2 与图 6.5-3 中可以发现，当考虑整体建筑表面的平整度检测时，超过规定限值的建筑表面位置大多数发生在靠近表面边缘的位置，例如图 6.5-3（a）、图 6.5-3（b）、图 6.5-3（d）及图 6.5-3（g）。

另外，如图 6.5-2 所示，一些相邻表面的相交边缘处（如实验表面数据 Roof 与实验表面数据 Wall-6，实验表面数据 Roof 与实验表面数据 Wall-1）都超过了给定的允许误差限值。这是因为这些位置在混凝土养护过程中，由于靠近模具位置，混凝土膨胀或收缩导致这些位置容易变得不平整。

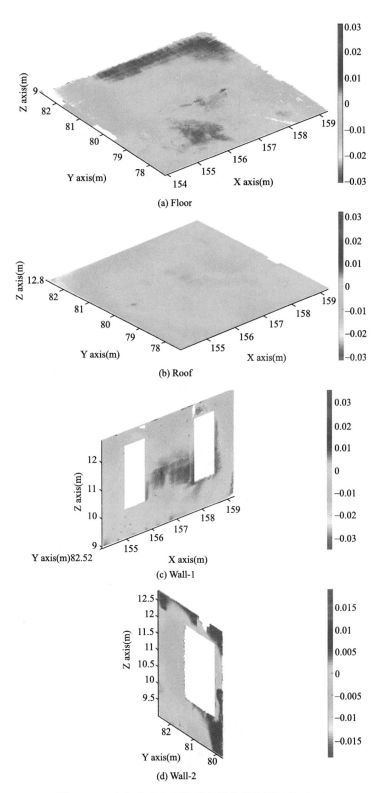

(a) Floor

(b) Roof

(c) Wall-1

(d) Wall-2

图 6.5-3　各个实验表面数据的平整度检测结果（一）

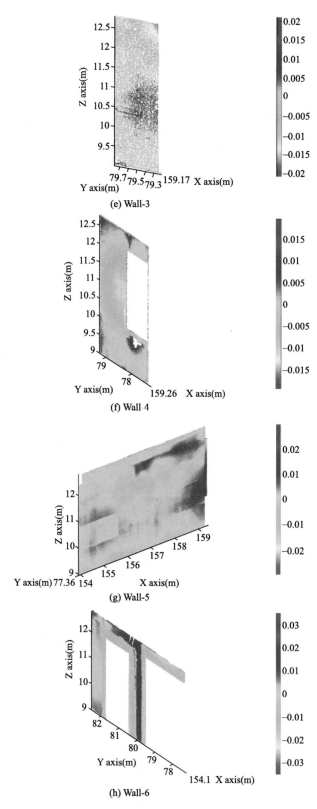

(e) Wall-3

(f) Wall 4

(g) Wall-5

(h) Wall-6

图 6.5-3　各个实验表面数据的平整度检测结果（二）

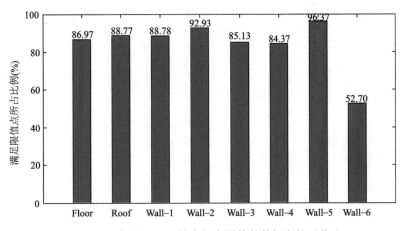

图 6.5-4　每个平面上符合规定限值的数据点的百分比

根据图 6.5-3 中各个实验表面数据的平整度检测结果，将较大的建筑表面检测结果 [图 6.5-3（a）、图 6.5-3（b）及图 6.5-3（g）] 与较小的建筑表面检测结果对比可以发现，较大的建筑表面的平整度质量情况优于较小的建筑表面。

结合图 6.5-4，除实验表面数据 Wall-6 以外的其他实验建筑表面均有 80% 以上的点云数据满足规范中给定的限值。其中，实验表面数据 Wall-2 与实验表面数据 Wall-5 的合格数据点所占总点数的百分比均超过了 90%，分别为 92.93% 与 96.37%。根据它们对应的平整度检测结果 [图 6.5-3（d）与图 6.5-3（g）]，不满足要求的位置也都是集中于靠近边缘的表面位置。而对于实验表面数据 Wall-6，它的合格数据点所占总点数的百分比仅为 52.70%。根据图 6.5-2 与图 6.5-3（h）可以发现，实验表面数据 Wall-6 的平整度偏差分布表示该表面并非为理想平面；从该表面的平整度分析情况可知，当表面空缺处较大会使得表面上的相对待检测面积较小，导致更容易出现整体表面不平整的情况。

6.6　构件表面平整度检测实验

为了验证本章所提算法，本次实验对象为两组足尺的预制混凝土构件点云数据（楼梯和外墙板）。这两组实验对象经过扫描后完成了数据拼接，并采用 Li[25] 和 Liu[26] 等提出的方法进行了预制构件点云数据的分割与识别。每组预制构件点云数据作为单独输入数据，与其对应的 BIM 模型点云数据一起输入程序并进行平整度检测。

6.6.1　实验数据信息

本次实验中的两个足尺预制混凝土构件在预制厂生产车间中完成扫描，图 6.6-1 展示了这两个实验对象的实际扫描环境。当预制构件在进行数据采集时相互之间保持了一定的距离，并被放置于一些支座物上。整体数据在预处理阶段通过分割与识别进行预制构件点云数据的提取。

根据本章所提出的算法，两个预制构件的 BIM 设计模型都被离散化为稠密点云，并与对应预制构件扫描点云一起输入。在经过 6.4 节中的匹配及平整度信息计算后，与 6.5

图 6.6-1　两个扫描预制混凝土构件的照片

节中建筑表面平整度检测实验类似，根据我国国家标准《混凝土结构工程施工质量验收规范》GB 50204—2015[17] 中给定的最大允许误差，本次实验中 h 被统一设置为 5mm。

由于预制混凝土构件的扫描会存在一些被遮挡的表面，因此对于模型点云数据中缺少对应扫描点云数据的相对高程差将会在计算中被设置为无穷。在生成彩色编码偏差图的可视化阶段中，模型点云数据中相对高程差为无穷的数据点均被移除。

6.6.2　实验结果与分析

两组用于实验的预制混凝土构件点云数据采用本章算法进行平整度检测的结果分别在图 6.6-2 与图 6.6-3 中给出。实验结果中的彩色编码差异图可以帮助检测人员快速定位一些具有较大相对高程差的局部区域。在实验结果展示中，在平整度检测结果中呈现红色的区域被人为对应至实际预制混凝土构件中的具体位置，并用红色实线圈标出。以下将分别给出两组实验的描述与分析。

（1）预制混凝土楼梯

本次实验中预制混凝土楼梯的平整度检测结果如图 6.6-2 所示。

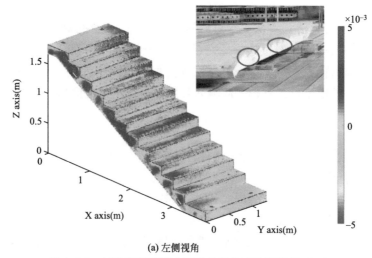

(a) 左侧视角

图 6.6-2　扫描预制混凝土楼梯的平整度检测结果（一）

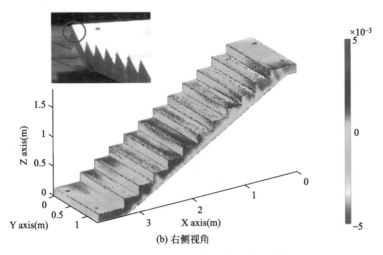

(b) 右侧视角

图 6.6-2 扫描预制混凝土楼梯的平整度检测结果（二）

从整体效果上看，被检测的预制混凝土楼梯具有非常好的平整度信息，且符合规范中的要求。

从局部细节上看，该预制混凝土楼梯仅在两侧表面上，一些较小局部区域的相对高程差接近所给定的限值 h。可以发现，这些局部区域也都是靠近楼梯边缘及拐角位置，这与建筑表面中相对高程差的超限位置类似。另外，在彩色编码差异图中的边缘线位置都呈现红色，这是因为模型点云数据在边缘位置处计算单位法向量时用到的邻域点通常包含两个表面的数据点，这导致在边缘处的法向量相比于平面位置的法向量在计算准确度方面更差一些。然而，边缘点的法向量并不会影响对表面的平整度检测，所以该问题可以被忽略。

（2）预制混凝土外墙板

本次实验中预制混凝土外墙板的平整度检测结果如图 6.6-3 所示。

从整体效果上来说，被检测的预制混凝土外墙板的大多数表面满足规范中给定的平整度限值要求。

然而，从局部细节上看，该预制混凝土外墙板某些局部区域的平整度已超过了给定的限值 h。如图 6.6-3（a）所示，根据本章算法的平整度检测结果，在预埋件位置附近有较大的区域具有超过限值的相对高程差，而结合其附近区域的平整度偏差可以发现该位置有轻微突起。在图 6.6-3（a）中，另一处靠近预制混凝土外墙板内框边缘处也有超过允许误差的凹陷。从平整度检测结果中的右侧视角观察可以发现，在外墙板防水层外侧表面部分区域的相对高程差超过限值，而该构件的实际对应位置中也有明显的修补痕迹。另外，从左右两个视角的实验结果均可发现，预制混凝土外墙板内框区域都呈现红色，这说明该区域位置的模型点云数据与预制混凝土构件点云数据有较大的差异。这是由于在数据采集时对内框位置的扫描存在遮挡，点云数据不易获取，因此造成该位置的点云数据误差较大。这说明本章算法依赖于实际构件与设计模型之间的相似度及其相互之间的匹配精度。

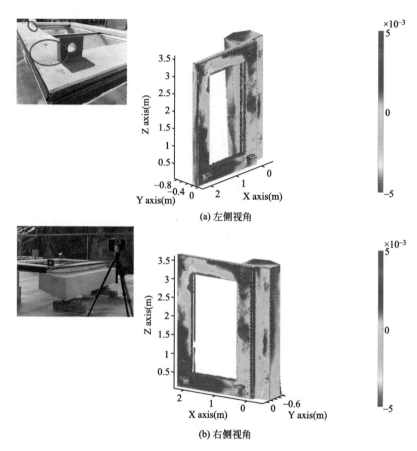

(a) 左侧视角

(b) 右侧视角

图 6.6-3 扫描预制混凝土外墙板的平整度检测结果

6.7 本章小结

本章提出的平整度自动检测算法能够有效地对建筑与构件表面进行平整度检测，其中现场施工后的建筑表面平整度偏差较大的区域通常位于表面边缘处。在 8 组实验表面中，除 Wall-6 以外的其余表面中符合规范要求的数据点占总表面数据点 80% 以上，而 Wall-6 是具有门洞的表面，因此本章建议在进行建筑表面平整度检测时需要对具有洞口的表面重点检测。在进行构件表面平整度检测时，提出的平整度自动检测算法依赖于实际构件与设计模型之间的相似度及其相互之间的匹配精度，且靠近构件边缘处的平整度计算值会受到法向量计算不准确所带来的影响。本章提出的彩色编码差异图能够帮助检测人员快速定位实际扫描对象中具有较大平整度偏差的局部区域。

参考文献

［1］ LI D，LIU J，FENG L，et al. Terrestrial laser scanning assisted flatness quality assessment for two different types of concrete surfaces ［J/OL］. Measurement，2020：107436 ［2020-06-20］. https：//

www. sciencedirect. com/science/article/abs/pii/S026322411931303X.

［2］ BOSCHÉ F, GUENET E. Automating surface flatness control using terrestrial laser scanning and building information models ［J］. Automation in Construction, 2014, 44: 212-226.

［3］ BOSCHÉ F. Automated recognition of 3D CAD model objects in laser scans and calculation of as-built dimensions for dimensional compliance control in construction ［J］. Advanced Engineering Informatics, 2010, 24 (1): 107-118.

［4］ LI Y, BU R, SUN M, et al. PointCNN: Convolution on χ-transformed points ［J］. Advances in Neural Information Processing Systems, 2018, 31: 820-830.

［5］ ARMENI I, SAX S, ZAMIR A R, et al. Joint 2d-3d-semantic data for indoor scene understanding ［J/OL］. arXiv preprint arXiv: 1702. 01105, 2017 ［2020-06-20］. https: //arxiv. org/abs/1702. 01105.

［6］ DAI A, CHANG A X, SAVVA M, et al. Scannet: Richly-annotated 3d reconstructions of indoor scenes ［C］ //Proceedings of the IEEE Conference on Computer Vision and Pattern Recognition, 2017: 5828-5839.

［7］ FARO. Focus-3D Tehnical Specification ［EB/OL］. Faro Inc. : Lake Mary, 2018. ［2020-06-20］ https: //knowledge. faro. com/Hardware/3D_Scanners/Focus/Technical_Specification_Sheet_for_the_Focus_M_and_S_Series.

［8］ CHEN S, TIAN D, FENG C, et al. Fast Resampling of Three-Dimensional Point Clouds via Graphs ［J］. IEEE Transactions on Signal Processing, 2018, 66 (3): 666-681.

［9］ PURI N, VALERO E, TURKAN Y, et al. Assessment of compliance of dimensional tolerances in concrete slabs using TLS data and the 2D continuous wavelet transform ［J］. Automation in Construction, 2018, 94: 62-72.

［10］ RUSU R B, COUSINS S. 3d is here: Point cloud library (pcl) ［C］ //2011 IEEE International Conference on Robotics and Automation, 2011: 1-4.

［11］ PAULY M, GROSS M, KOBBELT L P. Efficient simplification of point-sampled surfaces ［C］ //Proceedings of the Conference on Visualization'02, 2002: 163-170.

［12］ YANG X, MATSUYAMA K, KONNO K, et al. Feature-preserving simplification of point cloud by using clustering approach based on mean curvature ［J］. The Society for Art and Science, 2015, 14 (4): 117-128.

［13］ BENTLEY J L, FRIEDMAN J H. Data structures for range searching ［J］. ACM Computing Surveys, 1979, 11 (4): 397-409.

［14］ PENG J, KUO C C J. Geometry-guided progressive lossless 3D mesh coding with octree (OT) decomposition ［C］ //ACM Transactions on Graphics, 2005: 609-616.

［15］ SHIH N J, WANG P H. Using point cloud to inspect the construction quality of wall finish ［C］ //Proceedings of the 22nd eCAADe Conference, 2004: 573-578.

［16］ SCHNABEL R, WAHL R, KLEIN R. Efficient RANSAC for point - cloud shape detection ［C］ //Computer Graphics Forum, 2007: 214-226.

［17］ 中华人民共和国住房和城乡建设部. 混凝土结构工程施工质量验收规范: GB 50204-2015 ［S］. 北京: 中国建筑工业出版社, 2015.

［18］ AUTODESK. Revit api developers guide ［EB/OL］. ［2020-06-20］ https: //help. autodesk. com/view/RVT/2019/CHS/? guid=Revit_API_Revit_API. Developers_Guide_html.

［19］ PEARSON K. LIII. On lines and planes of closest fit to systems of points in space ［J］. The London, Edinburgh, and Dublin Philosophical Magazine and Journal of Science, 2010, 2 (11): 559-572.

［20］ GLIRA P, PFEIFER N, BRIESE C, et al. A correspondence framework for ALS strip adjustments based on variants of the ICP algorithm
korrespondenzen für die ALS-streifenausgleichung auf Basis von ICP [J]. Photogrammetrie - Fernerkundung - Geoinformation，2015，2015 (4)：275-289.

[21] AIGER D，MITRA N J，COHEN-OR D. 4-points congruent sets for robust pairwise surface registration [J]. ACM Transactions on Graphics，2008，27 (3).

[22] MELLADO N，AIGER D，MITRA N J. Super 4PCS fast global pointcloud registration via smart indexing [J]. Computer Graphics Forum，2014，33 (5)：205-215.

[23] BESL P J，MCKAY N D. A method for registration of 3-D shapes [J]. IEEE Transactions on Pattern Analysis and Machine Intelligence，1992，14 (2)：239-256.

[24] WANG Q，CHENG J C P，SOHN H. Automated estimation of reinforced precast concrete rebar positions using colored laser scan data [J]. Computer-Aided Civil and Infrastructure Engineering，2017，32 (9)：787-802.

[25] LI D，WU W，LIU J，et al. Segmentation of Precast Concrete Elements in Outdoor Laser Scan Data via Image Processing [C] //2018 IEEE Symposium on Product Compliance Engineering-Asia (IS-PCE-CN)，2018：1-6.

[26] LIU J，LI D，FENG L，et al. Towards automatic segmentation and recognition of multiple precast concrete elements in outdoor laser scan data [J]. Remote Sensing，2019，11 (11)：1383.

7　预制构件点云数据的尺寸自动提取算法

为了保证预制构件在施工现场的顺利安装，需要对预制构件的主体与细部结构尺寸进行检测。本章提出一种基于点云数据的预制构件尺寸自动提取算法，其中包括主体结构尺寸提取、细部结构尺寸提取以及模型可视化。主体结构尺寸提取中，针对预制构件点云数据中的多面角点以及由被遮挡表面造成的双面角点和单边拐点提出相应的估计方法；细部结构尺寸提取中，针对预制构件的圆形孔洞提出了基于点云数据密度的自适应估计方法；模型可视化中，针对预制构件尺寸信息传输与模型生成进行了 Revit 软件的二次开发。提出的基于点云数据的预制构件尺寸自动提取算法的有效性采用一个足尺的预制混凝土楼梯（包含 80 条边长与 4 个圆孔）进行验证。

7.1　算法提出的必要性

预制构件的自动化尺寸质量检测一直是研究人员所关注的热点。在整体结构尺寸的自动提取过程中，结构特征点的提取与特征点之间的连接关系确定是需要解决的核心难点。结构特征点的连接关系可以通过沿着边界方向进行搜索而确定，然而结构特征点的自动提取却会受到表面点云数据缺失所带来的影响[1]。在本章中，预制构件点云数据中缺失的表面部分被定义为被遮挡表面，包括扫描过程中的底表面或者未扫描到的内表面等。

根据现有研究文献，对于规则的钢结构构件（H 型钢等），被遮挡表面可以通过规则截面来进行替代[2]。对于规则的预制混凝土桥面板，通常只有底表面在扫描过程中被遮挡，因此结合板的特征，可以将底面视为规则矩形面进行考虑[1]。然而，并不是所有类型的建筑构部件都是简单的规则表面，如图 7.1-1 所示，图中的预制混凝土复杂外墙板有两个底表面由于被遮挡而无法正常扫描，这造成点云数据中会存在三种类型的结构特征点，在本章中分别被定义为多面角点、双面角点以及单边拐点；后两种类型的结构特征点不是由三个或以上表面数据所构成，因此较难确定，这就需要提出一种可以确定这些结构特征点的方法来准确提取被扫描对象的整体尺寸。

对于细部结构尺寸的自动提取，主要是针对预制构件的连接部位进行尺寸的确定。通过细部结构尺寸的确定可以将竣工 BIM 模型用于虚拟预拼装等任务。然而现有研究仅解决了预制桥面板中剪力连接凹槽的尺寸估计及建模，其他类型的细部结构研究较少。因此，本章以 BIM 设计模型作为先验知识，提出了一种预制构件点云数据的自动尺寸提取算法[3]。其中包含三种常见类型的结构特征点估计算法以及一种圆孔尺寸估计算法。随后通过 Revit 软件[4-5] 二次开发，实现对构部件尺寸信息传输与模型生成可视化。

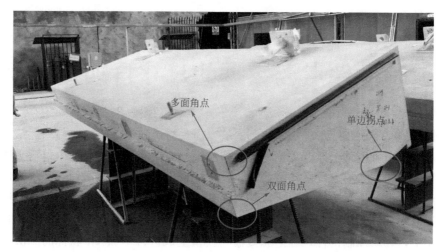

图 7.1-1 一个典型的预制构件以及三种类型的结构特征点

7.2 自动尺寸提取算法的提出

7.2.1 算法框架

本章提出的自动尺寸提取算法的处理对象是经过分割与识别后的单个完整预制构件点云数据,因此其对应的 BIM 设计模型可以被引入作为辅助先验知识。

所提出的自动尺寸提取算法流程图如图 7.2-1 所示,主要包括主体结构尺寸提取、细部结构尺寸提取以及模型可视化三个步骤。其中,主体结构尺寸提取分为四步,分别为数据预处理以及三种类型结构特征点的确定。细部结构尺寸提取主要针对预制构件中的圆形孔洞,包含内边界探测与圆孔估计两个步骤。最后模型可视化将给出本章中模型生成方式的说明。本章所提算法均为基于点云自身密度的自适应算法,尽可能地减少了人为参数输入。本章将以 7.3 节中的足尺预制混凝土楼梯点云数据进行示例说明。

7.2.2 主体结构尺寸提取

由于预制构件的表面一般为平面,边缘一般为直线,因此本节中将边缘提取简化为提取边缘两端的关键结构特征点,再通过端点连接获得每条边缘的具体尺寸。

(1)数据预处理

① 降噪及表面分割

由于输入数据为完整预制构件点云数据,因此可以采用点云过滤操作来提高结构特征点提取的准确度。本节中采用的降噪方法为 Sun[6] 等提出的最小 L0 优化算法,它具有在噪声过滤的同时还有很好的特征保留能力[7]。该方法通过法向量、位置坐标以及边缘恢复三次优化完成,其优化目标函数分别如下:

$$\min_{n,\,|n_i|=1} |n-\hat{n}|^2 + \eta \sum_i \sum_j^k |D(n)_{ik+j}|_0 \tag{7.2-1}$$

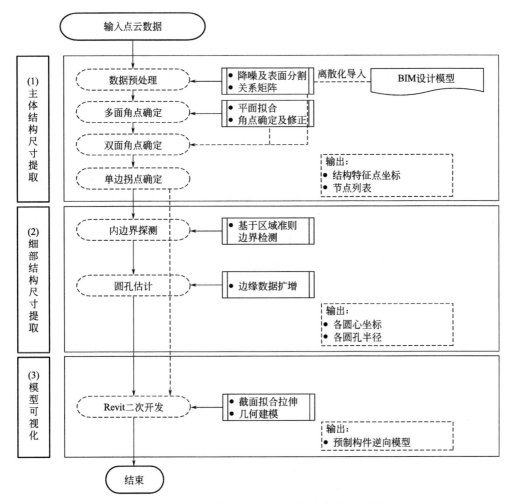

图 7.2-1　本章提出的自动尺寸提取算法流程图

$$D(n)_{ik+j} = n_i - n_{M(i,j)} \tag{7.2-2}$$

$$\min_{\alpha} \sum_i |\tilde{p}_i + \alpha_i n_i - \hat{p}_i|^2 + \delta \sum_i \sum_j^k |D(\tilde{p})_{ik+j} + \alpha_i - (n_i \cdot n_{M(i,j)})\alpha_{M(i,j)}|_0 \tag{7.2-3}$$

$$D(\tilde{p})_{ik+j} = (\tilde{p}_i - \tilde{p}_{M(i,j)}) \cdot n_i \tag{7.2-4}$$

$$\min_{p_{new}} \sum_j^k |n_{M(i,j)} \cdot (p_{new} - p_{M(i,j)})|^2 + |n_i \cdot (p_{new} - p_i)|^2 \tag{7.2-5}$$

式中：　　n——优化法向量；

　　　　　$\hat{n}$——初始法向量；

　　　　　η——法向量估计平滑系数，文献［6］中的默认参数 $\eta = 0.075$；

　　　　　n_i——第 i 个优化法向量；

$M(i, j)$——第 i 个数据点 k 邻域集合中的第 j 个对象；

　　　　　$\hat{p}_i$——第 i 个数据点的初始坐标位置；

$\tilde{p}_i$——上一次迭代中第 i 个数据点的坐标位置，初始值为 $\hat{p}_i$；

α——数据点在其法向量方向上的移动系数向量；

α_i——第 i 个数据点在其法向量方向上的移动系数；

δ——位置坐标估计平滑系数，文献［6］中的默认参数 $\delta=0.005$；

p_{new}——第 i 个数据点的最优化坐标。

通过求解式（7.2-1）至式（7.2-5）的优化问题可以获得过滤后的预制构件点云数据；其中，式（7.2-1）、式（7.2-3）和式（7.2-5）的最小化记号 min 下方的参数表示该优化函数中的变量。

为了确保过滤结果满足后续计算需求，在边缘处的每个三维激光点到其最近邻点的距离需要满足我国国家标准《装配式混凝土建筑技术标准》GB/T 51231—2016[8] 与行业标准《装配式混凝土结构技术规程》JGJ 1—2014[9] 中对该类预制构件的最小许可误差。图 7.2-2 给出采用最小 L0 优化算法对预制构件点云数据的过滤示例。其中，部分过滤数据叠加至原始数据并用蓝色高亮显示出过滤后的效果。

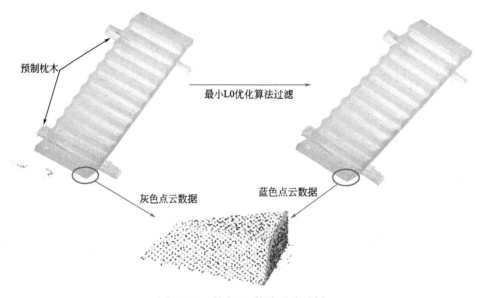

预制枕木

最小L0优化算法过滤

灰色点云数据

蓝色点云数据

图 7.2-2　最小 L0 算法过滤示例

预制构件在进行数据采集时需要放置于一些支撑物体上，例如图 7.2-2 中的预制枕木。这些支座物体的扫描点云数据在计算过程中被视为噪声数据，需要被移除。本节中引入 BIM 设计模型，并采用第 6 章中的 BIM 设计模型离散化方法及模型与点云的自动匹配方法来筛选输入点云数据中的预制构件部分。在设计模型与预制构件点云数据精确匹配后，各模型数据点将会在预制构件点云数据中选出一个小范围内的所有邻域点，而没有被匹配选择的预制构件点云数据部分将被移除。图 7.2-3 给出了采用 BIM 设计模型选择预制构件主体部分的操作示例。

完成预制构件主体数据选择后，为了估计预制构件的每个结构特征点，还需要获得预制构件中每个表面的分割数据。如前文所述，由于大多数预制构件表面为平面，因此本章将区域生长算法[10] 与 RANSAC 算法[11] 结合来提取被扫描预制构件点云数据中的平面数据。

区域增长算法需要根据各数据点的邻域点信息计算该点的法向量与曲率，并通过曲率阈值与法向量角度阈值来控制分割满足同样条件的表面点云数据。由于依赖邻域点的几何信息计算在两面相交的边缘处不准确，因此区域增长算法通常被用来获取大表面点云数据而舍弃边缘数据。

在表面数据分割中，RANSAC 算法被用作二次噪声过滤算法。它将在区域增长算法获取的表面数据基础上，再对每一个分割表面进行严格的平面数据提取，从而滤除一些非平面噪声点用于提高后续平面拟合的准确度。

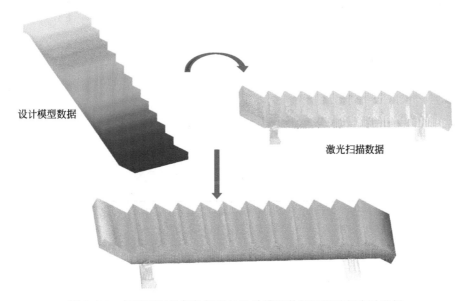

设计模型数据

激光扫描数据

图 7.2-3　扫描预制构件数据通过设计模型数据匹配进行自动选择

如图 7.2-4 所示，图 7.2-4（a）给出了分割表面数据采用 RANSAC 算法进行二次噪声过滤的结果，其中天蓝色数据点表示该表面数据中的平面数据点集，而其他颜色的数据点则表示为非平面数据点集；图 7.2-4（b）给出了扫描对象经过区域增长算法与RANSAC算法处理后的结果，且不同的表面数据采用不同的颜色表示。另外，每个获得的平面数据将储存于一个 $m \times 1$ 阶的平面列表 P 中，其中 m 表示获得的平面总数。

② 关系矩阵

为确定相邻表面的角点，提前确定相邻表面之间的关系可以简化对结构特征点的求解。由于关系数据库方法可以有效解决结构化信息收集的问题[12]，因此本节中采用了关系矩阵来存储各表面之间的邻接关系。如图 7.2-4（b）所示，其中两个表面之间的边缘并未连接，因此本章算法采用一个距离阈值 d_r 来检测相邻表面之间的邻接关系。当两个表面之间的最近邻点对距离小于 d_r，则说明这两个表面点云数据属于邻接关系。

为保证邻接关系矩阵计算准确，d_r 需要足够大，但不能超过输入预制构件设计模型中主体结构的最小尺寸，因此 d_r 可以设置为输入预制构件最小尺寸的二分之一。

确定表面之间的邻接关系后，该信息由 $m \times m$ 阶的关系矩阵 M_r 进行储存。其中，M_r为逻辑矩阵，仅含有元素 0 与 1，1 表示两个表面为邻接关系，0 则反之。本章算法采用

KD 树结构来提高数据点之间计算最近邻点的效率，计算 M_r 矩阵的伪代码如算法 7.2-1 所示。

关系矩阵计算	算法 7.2-1

输入：	平面列表 P，距离阈值 d_r
输出：	关系矩阵 M_r

1：	根据 P 获取平面个数 m
2：	创建 $m \times m$ 阶零矩阵 M_r
3：	**for** $i \leftarrow 1$ to m **do**
4：	以 $P(i)$ 点云数据创建 KD 树结构
5：	**if** $m-i \neq 0$ **then**
6：	**for** $j \leftarrow i+1$ to m **do**
7：	根据 KD 获取 $P(i)$ 与 $P(j)$ 的最近邻距离 $dist_{min}$
8：	**if** $dist_{min} < d_r$ **then**
9：	$M_r(i,j) \leftarrow 1, M_r(j,i) \leftarrow 1$
10：	**end if**
11：	**end for**
12：	**end if**
13：	**end for**
14：	输出 M_r

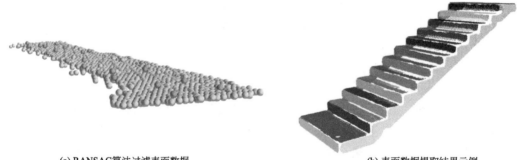

(a) RANSAC算法过滤表面数据　　　　　　　　(b) 表面数据提取结果示例

图 7.2-4　扫描预制混凝土楼梯的分割数据

（2）多面角点确定

① 平面拟合

基于预处理阶段中获得的平面列表 P 和关系矩阵 M_r，多面角点可以通过三个相交于一点的平面来确定。首先，采用 6.3.2 节中的平面拟合方法，随机选取 80%[①]的平面数据点来进行拟合，并采用最小二乘法拟合平面方程：

$$Z = C[1]X + C[2]Y + C[3] \tag{7.2-6}$$

式中：C——三维拟合参数向量，每个元素分别对应 XYZ 的系数；

[①] 为了减弱不平整表面数据对拟合的影响，本方法随机抽样 80% 数据点用于平面拟合。然而其他具有相似效果的采样率也同样可以使用。

X——所有选择数据点 x 坐标向量；

Y——所有选择数据点 y 坐标向量；

Z——所有选择数据点 z 坐标向量。

另外，本节中同样采用式（6.3-6）中的拟合残差 res 进行拟合结果评估，并且通过多次计算输出具有最小 res 的拟合结果，本节中计算次数 num 默认取值为 500。P 中每组表面数据的拟合系数采用 $m \times 3$ 阶的系数矩阵 C_p 进行表示。

当预制混凝土构件的表面较大时，在养护阶段混凝土可能会发生收缩或膨胀情况，这将导致该表面发生一定变形，且平面拟合结果中拟合残差 res 较大，这也意味着该表面并非平坦。图 7.2-5 给出了两个不同的平面拟合效果，其中图 7.2-5（a）为楼梯某一平台板上表面点云数据的拟合结果及拟合残差，而图 7.2-5（b）为楼梯某一侧表面点云数据的拟合结果及拟合残差。可以发现，大表面点云数据的 res 值远大于平坦小表面点云数据的拟合残差，而拟合结果越差也必然会影响到后续的结构特征点计算。

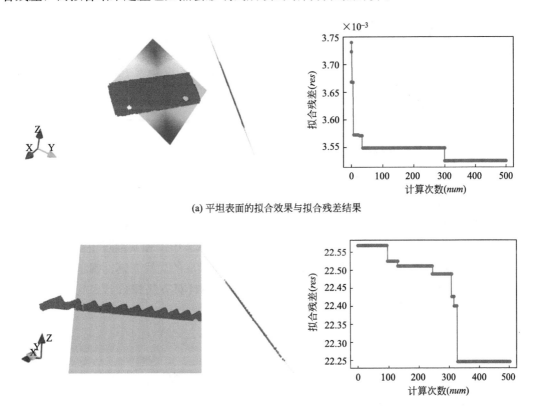

(a) 平坦表面的拟合效果与拟合残差结果

(b) 非平坦表面的拟合效果与拟合残差结果

图 7.2-5 平坦与非平坦表面的拟合结果示例

② 角点确定及修正

本章中所指的多面角点是由至少三个相交表面所确定的结构特征点。不论是平坦或者非平坦表面，它们相互之间形成的结构特征点都需要根据表面关系矩阵 M_r 来计算，然后计算结果将被储存入与 P 具有相同长度的节点列表 L 中。

在计算多面角点时，需要按照 M_r 中行与列的顺序依次遍历每个表面的相邻表面，并

根据 C_p 创建三维平面方程的联立方程组进行求解。每一个表面中的结构特征点按 M_r 中的遍历顺序依次存入节点列表 L 中。

在获得所有的多面角点后，本章提出一种针对非平坦表面的角点修正方法。图 7.2-6 给出了角点修正的示意图。为了获得正确的结构特征点，所有处于非平坦表面上的角点（绿点）首先在整体点云数据中搜索它们的最近邻数据点（蓝点）。然后，将最近邻点投影至构成这个多面角点，且与该非平坦表面相邻的另外两个表面的相交线上，这个投影点即为修正后的新数据点（红点）。

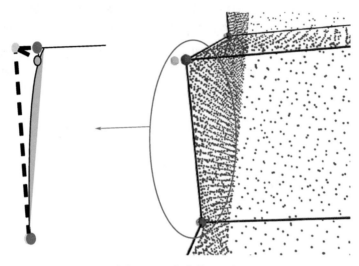

图 7.2-6　角点修正示例

（3）双面角点确定

如 7.1 节中所述，被遮挡表面的存在将造成一些结构特征点仅由两个相邻表面确定，这些结构特征点在本书中被称为双面角点（图 7.1-1）。本节中以预制混凝土楼梯平台板中的一个底部角点为例，介绍本章算法通过两个相邻表面形成的交线来辅助确定双面角点。

算法 7.2-2 给出双面角点计算程序的伪代码，其具体计算方法如图 7.2-7（a）所示。

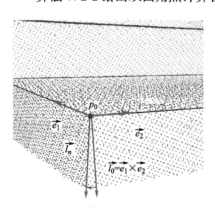

(a) 单位搜索向量计算说明

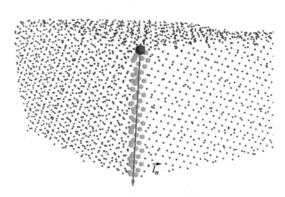

(b) 用于拟合单位搜索向量的选择数据点

图 7.2-7　双面角点确定示例

首先，根据关系矩阵 M_r 与节点列表 L 可以确定需要计算双面角点的两个相邻表面，并获得这两个相邻表面参与计算的多面角点 p_0。因为 p_0 与待计算的双面角点构成这两个相邻表面的相交边缘，本章算法以 p_0 为辅助点，结合节点列表 L 可以获得过 p_0 的另外两个单位向量 $\vec{e_1}$ 与 $\vec{e_2}$。接着，初始单位搜索向量 $\vec{l_0}$ 可以由 $\vec{e_1}$ 与 $\vec{e_2}$ 的叉积获得，并且 $\vec{l_0}$ 的方向可以通过在整体点云数据中搜索该方向上是否有点云数据进行判断。然后，通过设置小距离阈值 d_s 与收敛精度 ε_s，选择所有到单位搜索向量 $\vec{l_0}$ 的距离小于 d_s 的点云数据，这些被选择的数据点用来拟合相邻表面之间新的相交边缘方向。算法迭代直至前后两次迭代计算获得的单位方向向量的夹角达到给定收敛精度 ε_s 停止，任意第 $i+1$ 次迭代中所选择的数据点集合 $\boldsymbol{\Omega}_{i+1}$ 由式（7.2-7）计算：

$$\boldsymbol{\Omega}_{i+1} = \{p \mid \| (p - p_0) \times \vec{l_i} \| / \| \vec{l_i} \| \leqslant d_s\} \tag{7.2-7}$$

式中：p——任意数据点；

$\vec{l_i}$——第 i 次迭代获得的单位搜索向量。

如图 7.2-7（b）所示，第 n 次迭代所获得的单位搜索向量为 $\vec{l_n}$，并且图中所有绿色数据点为 $\boldsymbol{\Omega}_{n-1}$ 中的点云数据。最终，沿着 $\vec{l_n}$ 方向进行最远数据点搜索，即可找到双面角点，并储存入 L 中的对应位置。

双面角点确定	算法 7.2-2

输入： 节点列表 L，关系矩阵 M_r，距离阈值 d_s，收敛精度 ε_s

输出： 节点列表 L

1： **while** 存在双面角点待计算 **do**

2： 确定辅助点 p_0

3： 确定过辅助点 p_0 边缘的单位向量 $\vec{e_1}, \vec{e_2}$

4： 初始化 $\vec{l_0} \leftarrow \vec{e_1} \times \vec{e_2}$ 并确定 $\vec{l_0}$ 方向

5： 找到 $\boldsymbol{\Omega}_0$ 中数据点

6： 拟合 $\boldsymbol{\Omega}_0$ 中数据点并获得单位搜索向量 $\vec{l_1}$

7： $i \leftarrow 1$

8： **while** $\vec{l_{i-1}} \cdot \vec{l_i} / |\vec{l_{i-1}}| \times |\vec{l_i}| > \varepsilon_s$ **do**

9： 找到 $\boldsymbol{\Omega}_i$ 中数据点

10： $i \leftarrow i+1$

11： 拟合 $\boldsymbol{\Omega}_i$ 中数据点并获得单位搜索向量 $\vec{l_{i+1}}$

12： **end while**

13： 根据 $\vec{l_{i+1}}$ 搜索双面角点

14： 添加双面角点进 L

15： **end while**

16： 输出 L

（4）单边拐点确定

每条边缘都由两个相邻表面构成，由于双面角点所在的表面与被遮挡表面相邻，导致双面角点所在的边缘在其他转折点处会出现本章中描述的单边拐点（图 7.1-1）。为了方便单边拐点位置的确定，建议在确定双面角点时记录其在节点列表 **L** 中的索引位置，并记录其所在表面在表面列表 **P** 中的索引位置，从而可以快速确定单边拐点所在的表面。

如图 7.2-4（b）所示，对于单边拐点所在的边缘，由于不存在相邻表面的干扰，在使用区域增长算法进行表面点云数据分割时不会产生边缘数据的缺失，因此在确定单边拐点位置时，仅需使用单边拐点所在的表面点云数据进行搜索，而非预制构件的整体点云数据。在进行单边拐点搜索时，可以采用上一步中的双面角点作为起点，沿着存在单边拐点的表面点云数据边缘进行搜索。为了将问题简化，主成分分析（PCA）算法[13] 首先被用来降低表面点云数据的维度，在二维平面内实现对单边拐点的搜索。算法 7.2-3 给出了单边拐点搜索的伪代码。如图 7.2-8 所示，表面点云数据被降低维度后，以起始点 p_{rs} 为中心，$\vec{l}_n$ 在二维平面内顺时针或者逆时针旋转来检测该点云数据过 p_{rs} 的边缘位置。这个表示边缘方向的单位搜索向量被记为 $\vec{D_r}$，同时与该方向正交的向量被记为 $\vec{D_v}$。$\vec{D_v}$ 的方向指向背离点云数据的方向，与 $\vec{l}_n$ 同向。在获得这两个单位搜索向量后，返回三维空间，将输入的表面点云数据创建 KD 树结构。最终，根据这两个单位搜索向量本章提出一个双方向搜索算法（算法 7.2-3）来确定单边拐点的位置。图 7.2-8 中绿点即为搜索算法所得的单边拐点。

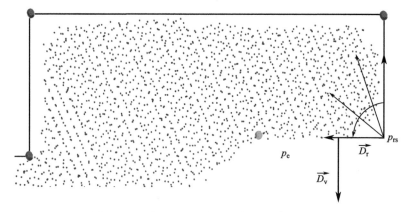

图 7.2-8　采用两个搜索方向来寻找单边拐点

根据算法 7.2-3，双方向搜索算法中总共包含两个大循环，并且可以被分为三步。在第一轮搜索中，首先从起始点 p_{rs} 出发，沿着边缘 $\vec{D_r}$ 方向找到一个数据点 p_{vs}；接着沿 $\vec{D_v}$ 方向找到边缘最外侧点 p_{re}。在搜索过程中，搜索步长（δ_r 与 δ_v）都有一个固定较大的初始步长 δ_0，但是 δ_r 随着循环次数的增加将会逐渐减小，这不仅可以加快计算也能避免无法搜索到需要的数据点。在获得 p_{re} 之后，需要判断该点是否为需要输出的单边拐点。双方向搜索算法通过计算 p_{re} 到过 p_{re} 且方向为 $\vec{D_r}$ 的直线的距离，看其是否超过给定阈值来决定算法是否终止。

从上述算法内容可以看出，影响算法性能的主要因素是两个关键的循环终止阈值 t_v 与 t_e；t_v 是在 $\vec{D_v}$ 方向上搜索边缘最外侧点 p_{re} 的判断条件，t_e 是确定 p_{re} 是否为单边拐点的判断条件。为了提高本章算法的鲁棒性，本文在每次循环中根据点云自身的扫描密度来实时调整两个阈值的大小。图 7.2-9 给出了两个阈值的计算过程的说明。

单边拐点确定	算法 7.2-3

输入： 表面点云数据 $Data$，搜索单位方向向量 $\vec{D_r}$ 与 $\vec{D_v}$，搜索起始点 p_{rs}

输出： 单边拐点 p_e

1： 初始化变量 $\delta_r \leftarrow \delta_0$，$t_r \leftarrow empty$，$t_v \leftarrow empty$，$t_e \leftarrow empty$

2： 将 $Data$ 创建 KD 树结构

3： **while** $True$ **do**

4： $p_r \leftarrow p_{rs} + \vec{D_r} \cdot \delta_r$，$[p_r, d_1] \leftarrow \text{KD}(p_r, 1)$，将 d_1 添加入 t_r，将 t_r 更新为 t_r 均值

5：   **if** $d_1 \leqslant t_r$ 且 $\delta_r > t_r$ **then**

6：   在 $\vec{D_r}$ 方向获取起始点 $p_{vs} \leftarrow p_r$

7：   计算 p_{vs} 处 t_r 并添加入 t_v，将 t_v 更新为 t_v 均值，$\delta_v \leftarrow \delta_0$

8：   **while** $True$ **do**

9： $p_v \leftarrow p_{vs} + \vec{D_v} \cdot \delta_v$，$[p_v, d_2] \leftarrow \text{KD}(p_{vs}, 1)$

10：   **if** $d_2 \leqslant t_v$ 且 $\delta_v > t_v$ **then**

11： $p_{vs} \leftarrow p_v$，$\delta_v \leftarrow \delta_0$

12：   **else**

13：   **if** $\delta_v < t_v$ **then**

14： $p_{re} \leftarrow p_{vs}$，**break**

15：   **end if**

16： $\delta_v \leftarrow 0.99 \cdot \delta_v$

17：   **end if**

18：   **end while**

19：   计算 p_{re} 点处阈值 $error$

20：   将 $error$ 添加进 t_e，将 t_e 更新为 t_e 均值，$d_e \leftarrow \| (p_{re} - p_{rs}) \times \vec{D_v} \|$

21：   **if** $d_e \leqslant t_e$ **then**

22： $p_{rs} \leftarrow p_{re}$，$\delta_r \leftarrow \delta_0$

23：   **else**

24： $p_e \leftarrow p_{rs}$，**break**

25：   **end if**

26：   **else**

27： $\delta_r \leftarrow 0.99 \cdot \delta_r$

28：   **end if**

29： **end while**

30： 输出 p_e

  一方面，如图 7.2-9（a）所示，在计算 t_v 时，先寻找 p_{vs} 的 8 邻域点，并计算每个邻域点到过 p_{vs} 且方向为 $\vec{D_v}$ 的直线的距离。根据距离最近的邻域点（绿点），计算它到 p_{vs} 在直线上的投影距离，并以此记为在 p_{vs} 处的 t_v。另一方面，如图 7.2-9（b）所示，在计算 t_e 时，先寻找 p_{re} 的 5 邻域点，并计算每个邻域点到过 p_{re} 且方向为 $\vec{D_r}$ 的直线的距离。

将所有距离取平均后记为在 p_{re} 处的 t_e。每次获得新的 t_v 与 t_e 后，本书将它们与之前的阈值合并，并以所有记录值的平均值作为新的阈值，这可以避免因为扫描密度不均匀造成的误差导致算法提前终止。

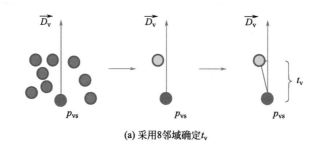

(a) 采用8邻域确定 t_v

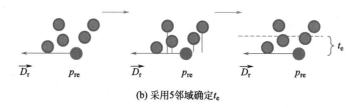

(b) 采用5邻域确定 t_e

图 7.2-9 两个关键阈值的计算说明

所有结构特征点可以用来进行尺寸质量检测也可以用来进行竣工 BIM 模型的主体尺寸建模。图 7.2-10 给出了预制混凝土楼梯所有结构特征点的最终渲染结果，其中蓝色数据点为整体点云数据，红色数据点为获得的结构特征点，每个表面内的结构特征点依次连接。

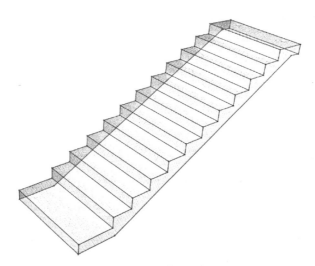

图 7.2-10 用于主体结构建模的所有结构特征点

7.2.3 细部结构尺寸提取

大多数预制构件通常会预留一些圆形孔洞用于安装或管线通道等。为了在点云数据中估计这些预制构件的圆孔尺寸，必须先探测这些圆孔的边界数据，接着可以根据这些圆孔边界进行圆心与半径的估计。

（1）内边界探测

对于边界检测，一般准则是根据检测点的邻域点分布来确定其是否为边界点。其中，最常用的准则包括角度准则、形状准则和半圆盘准则。角度准则将被检测点及其邻域点投影到切平面上，并计算相邻邻域点之间的最大角度来确定被检测点是否为边界点[14]。Gumhold[15] 等采用角度准则来检测边界点，然后根据形状准则确定拐角、折痕和边界点。半圆盘准则需要计算检测点与其邻域点之间的距离，因为该准则认为边界点与邻域点的平均值有很大差异[16]。Bendels[16] 等结合了上述标准，并提出了提高检测精度的边界概率。但是，基于这些标准的方法需要计算每个点及其各自邻域点的几何信息。由于本章表面分割数据中的内边界不代表圆孔内壁表面上的数据点，这导致以上方法并不适用于本章中的研究；对此本节算法中提出了一种通过邻域点分布直接确定表面上的边界点的简化方法。

考虑到预制构件表面大多为平坦表面，本节中依然采用主成分分析算法先对输入的点云数据进行降维处理；接着，本章提出一种基于区域的内边界探测方法。如图 7.2-11 所示，通过将每个数据点的邻域点划分为 8 等份，若至少有两个区域不含有邻域点，则该数据点被视为边界点。

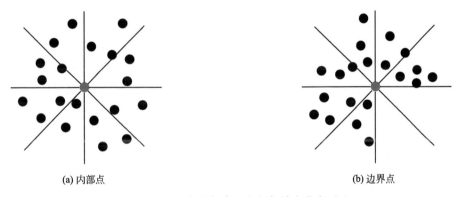

(a) 内部点   (b) 边界点

图 7.2-11　内部点与边界点的邻域点分布对比

为了区分内边界点与外边界点，本章算法提出了两个由输入表面点云数据密度 ρ 决定的邻域点个数取值。采用小的邻域点个数取值 η_s 可以同时确定内边界点与外边界，这些边界点的集合被记为 U_s。同样，当采用大的邻域点个数取值 n_l 仅可以确定外边界点，这些外边界点的集合被记为 U_l。显然，内边界点的集合 U_i 可以由式（7.2-8）计算：

$$U_i = U_s - U_l \qquad (7.2\text{-}8)$$

为自适应计算 n_s 与 η_l，降维后的点云数据可以进行网格划分，则该表面点云数据的密度为：

$$\rho = N/(n_g \cdot s^2) \qquad (7.2\text{-}9)$$

式中：N——表面点云数据的总点数；

　　　n_g——划分网格的总个数；

　　　s——划分网格的尺寸，默认为规范[8-9] 中的最大允许误差。

在表面点云数据中，允许的最大空隙半径 r 需要根据规范[8-9]中圆孔的最小半径来确定。如图 7.2-12 所示，红色范围刚好包括最小圆孔的临界面积，此时计算数据点邻域半径 $R=2r$。因此，n_s 可由式（7.2-10）计算，而 n_l 只需要取 n_s 的数倍即可：

$$n_s = 3\pi r^2 \rho \tag{7.2-10}$$

图 7.2-13 给出了一个平台板表面点云数据进行内边界探测的结果，每个圆孔的边界点可以采用简单的聚类算法进行快速区分，并用于后续的圆孔尺寸估计。

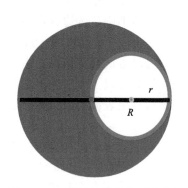

图 7.2-12 邻域点所处的面积确定

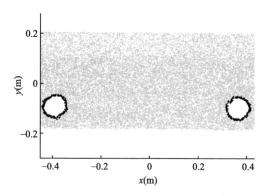

图 7.2-13 获得的内边缘示例

（2）圆孔估计

目前对圆孔的估计主要有两种圆拟合方法，分别为几何方法和代数方法。几何方法通过解决非线性最小二乘问题来实现对给定点集进行的圆拟合，而在众多几何方法中，高斯-牛顿法和莱文贝格-马夸特法是两种最著名的求解方法[17]。几何方法在适当的初值情况下具有良好的性能，但是由于迭代性质，通常需要庞大的计算量。与几何方法相比，代数方法通过解决线性最小二乘问题来实现圆拟合[18]。代数方法的拟合精度低于几何方法，但它具有较高的计算效率。这两种方法的主要目的是从给定的点集中拟合出一个圆。然而，本章中圆孔估计的目的是估计由内表面上的点形成的内切圆。因此，这两种方法均不适用于此问题。

采用人工检测方法对圆孔直径进行检测时实际上是测量其内壁直径。因此，基于上一步中获得的内边界数据点，在圆孔边缘附近更多的点云数据需要被选择并添加用来进行圆孔直径的估计，本节中所采用的默认扩展尺寸为每个内边界点的 100 邻域点，图 7.2-14 给出了圆孔估计的计算示意图。本章算法中将 U_c 记为圆孔附近数据点的集合，提出了一种圆心与半径迭代修正的算法来估计圆孔尺寸，最终获得的圆孔尺寸信息将返回至三维空间输出。

如图 7.2-14 所示，图中灰色数据点表示表面数据中的内部点，黑色数据点表示上一步中探测的表面内边界，而蓝色数据点为添加的扩张点。在计算初始，U_c 的中心设置为初始圆心 c_0。圆孔半径以 c_0 为起点，逐渐向外增大，直到落在圆周上的所有数据点个数达到计算阈值 t_c 后，以落在圆周上的数据点更新圆心坐标。该算法一直迭代直至前后两次迭代圆心距离小于给定精度误差，最终得到圆心坐标 c_n 与其对应的直径尺寸。

为自适应计算 t_c，本书基于圆孔附近数据点的密度来设计该算法，其计算公式为：

$$t_c = N_c \cdot s_c / (d_{max} - d_{min}) \tag{7.2-11}$$

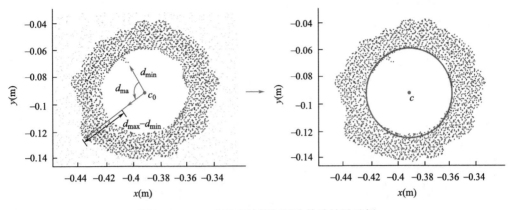

图 7.2-14 t_c 自适应计算与圆孔估计结果示例

式中：N_c——U_c 中所有数据点的总个数；

$\quad s_c$——半径增长的步长；

$\quad d_{max}$——U_c 中距离圆心最远点到圆心的距离；

$\quad d_{min}$——U_c 中距离圆心最近点到圆心的距离。

7.2.4 模型可视化

在本章中，建筑构部件生成模型的可视化基于 Autodesk Revit 软件[5]。通过对 Revit 软件二次开发，在主体与细部结构尺寸获得后，可将节点列表 **L** 与圆孔尺寸自动传输入 Revit 接口，并可以根据两种方法来创建 BIM 设计模型：（1）通过最小二乘法拟合预制构件截面，并通过拉伸方法创建与实际接近的竣工 BIM 模型；（2）采用 DirectShape 对象进行模型创建。其中，使用 BRepBuilder 类型通过边界表示方法来构成任意表面的几何造型，边缘连接可以按照主体结构中每个表面结构特征点的连接顺序确定，表面信息可以通过每个表面点的采样点进行补充，从而创建竣工 BIM 模型。

由于预制构件的类型已知，可以根据 BIM 设计模型将设计模型中的属性信息传递给待建的竣工 BIM 模型，从而赋予了竣工 BIM 模型类型属性。

7.3 验证实验与分析

为了验证本章算法的有效性，验证实验采用一个足尺预制混凝土楼梯来进行尺寸提取与几何建模。该扫描数据在实验前完成了数据拼接，并作为完整点云数据输入。

7.3.1 实验信息与结果

实验数据采集在预制工厂生产车间中完成，被扫描的预制混凝土楼梯包含 11 级踏步及 4 个用于安装的圆孔。预制混凝土楼梯的检测真值尺寸与具体描述如图 7.3-1 所示，楼梯踏步从上平台板至下平台板编号为 1→11 级。根据实际扫描场景，该预制混凝土楼梯点云数据中包含三个被遮挡表面以及三种类型的结构特征点。

实验数据采集时所使用的扫描仪为 Faro X130，所使用的两种扫描分辨率分别为 1/5

图 7.3-1　被扫描的预制混凝土楼梯及其真值尺寸

与 1/8。实验中使用两个分辨率进行数据采集时的扫描站点位置相同，所有扫描距离均在 3m 以内，其中 1/5 分辨率所对应的单站数据获取量为 280 万点，1/8 分辨率所对应的单站数据获取量为 109 万点。扫描站点位置如图 7.3-2 所示，站点布置需尽可能保证采集数据的完整性。由于混凝土表面反射率高于 35%，因此根据扫描仪的精度参数可以保证所采集的数据能够满足数据分析的要求。使用 1/5 分辨率进行数据扫描总共花费约 22 分钟，而 1/8 分辨率所对应的扫描总时长约为 12 分钟。在实验对象数据分割后，每个输入数据大约花费 5 分钟完成数据预处理、尺寸估计以及模型重建。本次实验的详细数据见表 7.3-1，其中 $Data_{1/5}$ 与 $Data_{1/8}$ 分别表示不同分辨率所对应的输入数据，N_t 与 N_f 分别表示总点云数据量与过滤并移除预制枕木后的点云数据量，d_r 表示本次实验数据处理中所采用的距离阈值。$Data_{1/5}$ 中的 N_f 约为 $Data_{1/8}$ 的 2.5 倍，因为所有扫描都为均匀扫描，因此 $Data_{1/5}$ 中的扫描密度也约为 $Data_{1/8}$ 的 2.5 倍。由于扫描对象相同，图 7.3-3 仅展示 1/5

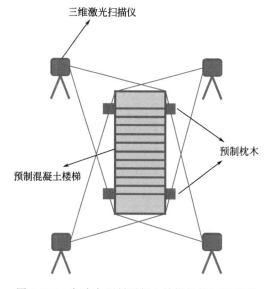

图 7.3-2　实验中预制混凝土楼梯扫描过程说明

分辨率所对应的原始扫描点云。

实验详细信息   表 7.3-1

实验数据	N_t	N_f	d_r
Data$_{1/5}$	119004	104345	4cm
Data$_{1/8}$	45946	40199	4cm

对于输入的预制混凝土楼梯点云数据，首先采用本章算法进行结构特征点提取，接着对表面上的每个圆孔进行提取与尺寸估计。最后，在 Revit 软件中生成竣工 BIM 模型的主体结构，并利用相交操作根据圆孔圆心位置进行开洞处理。图 7.3-4 给出了主体结构建模及开洞模型的生成结果，其中在开洞处理时，圆柱体长度需要大于圆孔所在的平台板厚度。

图 7.3-3　预制混凝土楼梯的原始扫描数据

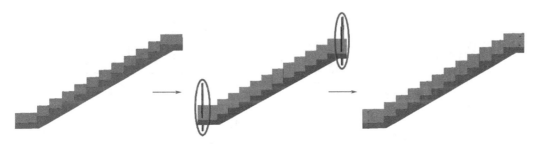

图 7.3-4　基于 Revit API 二次开发生成的预制混凝土楼梯竣工模型

本次实验中每条边缘的尺寸根据节点列表 L 中的点对进行计算，其中平台板的宽度和高度以及圆孔直径的估计绝对误差见表 7.3-2。图 7.3-5 与图 7.3-6 分别给出了 Data$_{1/5}$ 与 Data$_{1/8}$ 中踏步宽度、踏步高度以及踏步和平台板长度每条边的绝对误差直方图。表 7.3-3 则给出了两组实验数据中所有尺寸的平均绝对误差。如图 7.3-5 与图 7.3-6 所示，为了方便观察分析，将踏步宽度与高度分为左右展示，并且图中序号对应图 7.3-1 中踏步编号的顺序；也将踏步长度与平台板长度分为外沿与内沿展示，平台板下表面的长度被分为内沿，而上表面的长度被分为外沿。另外，图 7.3-5 与图 7.3-6 中 U_l 与 L_l 分别表示上下平台板的长度。

平台板与圆孔的计算误差结果 表 7.3-2

		绝对误差（mm）				
		上平台板		下平台板		误差均值
		左	右	左	右	
Data$_{1/5}$	T	4.30	2.13	4.23	1.52	3.0
	W_u	0.39	0.25	0.48	0.50	0.4
	W_l	2.38	3.12	3.08	4.84	3.4
	D	4.8	1.0	3.4	0.8	2.5
Data$_{1/8}$	T	2.29	1.19	4.08	1.83	2.3
	W_u	0.74	0.07	1.31	0.66	0.7
	W_l	13.12	1.66	1.33	3.22	4.8
	D	2.0	0.26	0.44	5.04	3.4

T——平台板厚度；W_u——上表面宽度；W_l——下表面宽度；D——圆孔直径

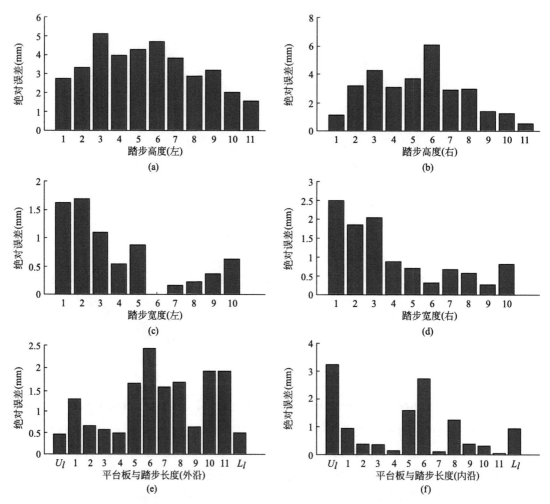

图 7.3-5 Data$_{1/5}$ 中踏步与平台板尺寸的具体结果

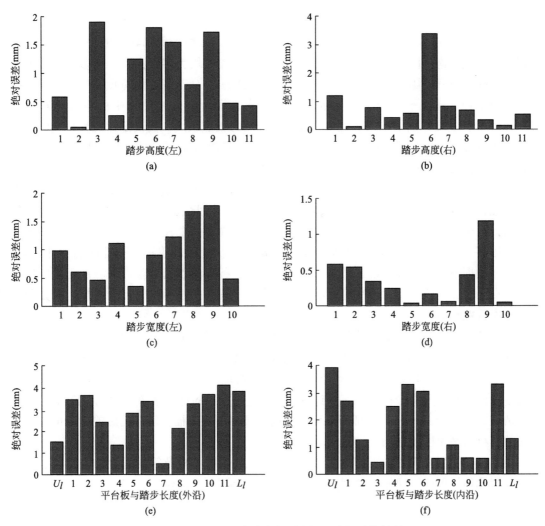

图 7.3-6　$Data_{1/8}$ 中踏步与平台板尺寸的具体结果

踏步与平台板尺寸的平均误差　　　　　　　　　　表 7.3-3

		项目描述	数量	绝对误差均值(mm)
$Data_{1/5}$	踏步与平台板长度	楼梯侧数(2)×(踏步数量(11)+平台板数量(2))	26	1.1
	踏步高度	楼梯侧数(2)×踏步数量(11)	22	3.1
	踏步宽度	楼梯侧数(2)×(踏步数量(11)−1)	20	0.9
$Data_{1/8}$	踏步与平台板长度	楼梯侧数(2)×(踏步数量(11)+平台板数量(2))	26	2.3
	踏步高度	楼梯侧数(2)×踏步数量(11)	22	0.9
	踏步宽度	楼梯侧数(2)×(踏步数量(11)−1)	20	0.5

7.3.2　实验分析

由表 7.3-2 可见，$Data_{1/5}$ 与 $Data_{1/8}$ 中上表面宽度 W_u 均表现出较低的平均绝对误差；根据算法原理，这是因为组成上表面宽度边缘的两个端点均为多面角点，而多面角点的确定不受扫描分辨率的影响。然而与 $Data_{1/5}$ 相比，$Data_{1/8}$ 对于下表面宽度 W_l 的估计结果表现得更不稳定，上平台板下表面的左侧宽度出现了所有尺寸估计中的最大绝对误差（13.12mm）。主要原因是该边缘是由双面角点与单边拐点组成，而确定这两种角点的方法均为基于点云密度的自适应搜索算法。由于 $Data_{1/8}$ 扫描分辨率较低，平台板下表面的单边拐点处点云密度也较低，从而导致了较大的估计误差。另外，与单边拐点确定类似，由于圆孔估计也依赖于点云自身密度，$Data_{1/8}$ 中的圆孔估计最大误差也大于 $Data_{1/5}$。根据算法原理，本章中圆孔估计算法对噪声点云相对敏感，因此采用更高的扫描分辨率可以提高其估计准确率。然而，本次实验中的 1/5 分辨率也具有一个较大的估计误差（4.8mm），因此采用高于 1/5 扫描分辨率的参数将对需要高精度估计的应用提供更准确的估计结果。另外，在数据预处理阶段，本章采用区域增长算法进行表面点云分割，该算法无法应用于较小的点云表面，因此本章算法也无法处理具有较小表面的预制构件点云数据，例如预埋连接件点云数据等。

由表 7.3-3 可见，踏步尺寸的平均估计误差都满足国内规范[8-9] 中的规定（5mm）。表 7.3-3 中的所有尺寸均由多面角点确定，这些计算结果表现出一个稳定的估计结果。结合图 7.3-5 与图 7.3-6 可以发现，当踏步高度与宽度的平均绝对误差降低时，踏步长度的平均绝对误差相对升高。将 $Data_{1/5}$ 与 $Data_{1/8}$ 中这些尺寸的计算结果相对比，$Data_{1/8}$ 中的尺寸估计结果优于 $Data_{1/5}$，这证明多面角点的估计并不受扫描分辨率的影响，而可能受到表面数据自身平整度的影响。

最终，根据所获得的竣工 BIM 模型（图 7.3-4）证明了本章算法通过结构特征点的提取以及圆孔估计可以实现相应预制构件的尺寸质量检测与逆向建模。

7.4　本章小结

本章提出一种基于点云数据的预制构件尺寸自动提取算法，其有效性通过了 2 组基于不同扫描分辨率（1/5 与 1/8）的足尺预制混凝土楼梯点云数据（包含 80 条边长与 4 个圆孔）的验证。所提出的预制构件尺寸自动提取算法能够克服表面被遮挡难点并有效地对预制构件点云数据中的多面角点、双面角点、单边拐点进行提取。其中，多面角点估计方法不受扫描分辨率的影响；圆孔估计和单边拐点估计易受扫描分辨率的影响，因此建议采用高于 1/5 的扫描分辨率进行数据采集。另外，提出的预制构件尺寸自动提取算法不适用于表面太小的对象，并且由于部分算法是基于点云自身密度的自适应算法，所以易受噪声干扰。

参考文献

[1] WANG Q，SOHN H，CHENG J C P. Automaticas-built BIM creation of precast concrete bridge deck

panels using laser scan data [J]. Journal of Computing in Civil Engineering, 2018, 32 (3): 04018011.

[2] LAEFER D F, TRUONG-HONG L. Toward automatic generation of 3D steel structures for building information modelling [J]. Automation in Construction, 2017, 74: 66-77.

[3] LI D, LIU J, FENG L, et al. Automatic modeling of prefabricated components with laser-scanned data for virtual trial assembly [J]. Computer-Aided Civil and Infrastructure Engineering, 2020, 1-19.

[4] AUTODESK. Revit api developers guide [EB/OL]. [2020-06-20]. https: //help. autodesk. com/view/ RVT/2019/CHS/? guid＝Revit_API_Revit_API. Developers_Guide_html.

[5] AUTODESK. Revit 2019 [EB/OL]. [2020-06-20]. https: //www. autodesk. in/products/revit/over-view.

[6] SUN Y, SCHAEFER S, WANG W. Denoising point sets via L0 minimization [J]. Computer Aided Geometric Design, 2015, 35-36: 2-15.

[7] HAN X F, JIN J S, WANG M J, et al. A review of algorithms for filtering the 3D point cloud [J]. Signal Processing: Image Communication, 2017, 57: 103-112.

[8] 中华人民共和国住房和城乡建设部. 装配式混凝土建筑技术标准: GB/T 51231—2016 [S]. 北京: 中国建筑工业出版社, 2016.

[9] 中华人民共和国住房和城乡建设部. 装配式混凝土结构技术规程: JGJ 1—2014 [S]. 北京: 中国建筑工业出版社, 2014.

[10] RABBANI T, VAN DEN HEUVEL F, VOSSELMAN G. Segmentation of point clouds using smoothness constraints [C] //ISPRS commission V symposium: image engineering and vision metrology, 2006: 248-253.

[11] SCHNABEL R, WAHL R, KLEIN R. Efficient RANSAC for point-cloud shape detection [C]. Computer Graphics Forum, 2007: 214-226.

[12] ADELI H, HUNG S L. A production system and relational database model for processing knowledge of earthquake-resistant design [J]. Engineering Applications of Artificial Intelligence, 1990, 3 (4): 313-323.

[13] PEARSON K. LIII. On lines and planes of closest fit to systems of points in space [J]. The London, Edinburgh, and Dublin Philosophical Magazine and Journal of Science, 2010, 2 (11): 559-572.

[14] LINSEN L, PRAUTZSCH H. Fan clouds-an alternative to meshes [C] //Geometry, Morphology, and Computational Imaging: Springer, 2003: 39-57.

[15] GUMHOLD S, WANG X, MACLEOD R S. Feature extraction from point clouds [C] //IMR, 2001: 293-305.

[16] BENDELS G H, SCHNABEL R, KLEIN R. Detecting holes in point set surfaces [J]. Journal of WSCG, 2006.

[17] CHERNOV N. Circular and linear regression: Fitting circles and lines by least squares [M]. America: CRC Press, 2010.

[18] ABDUL-RAHMAN H, CHERNOV N. Fast and numerically stable circle fit [J]. Journal of mathematical imaging and vision, 2014, 49 (2): 289-295.

8 基于点云数据的可更换连梁智能定位集成算法

本章将智能算法和点云技术应用于可更换钢连梁的精准后制作，提出了一种方便点云处理的可更换钢连梁-RC剪力墙节点构造。通过改进边界检测算法与圆孔拟合算法，提出了一种螺栓孔精准定位集成算法。基于试验结果，研究了扫描角度、扫描分辨率和扫描距离对所提出螺栓孔精准定位集成算法的影响。

8.1 算法提出的必要性

RC剪力墙结构作为常见的结构类型，被广泛应用于工业与民用建筑工程实际中。尤其是自1992年我国进入城镇化快速发展阶段以后，RC剪力墙结构因其土地利用率高、抗侧刚度大而在城镇建筑总数量中占有比例越来越高[1]。近年国内外历次地震灾害表明，RC剪力墙结构在强烈地震动作用下也会发生不同程度破坏，且RC剪力墙结构一旦破坏即会造成巨大的经济损失[2-3]。连梁充当RC剪力墙结构抗震"保险丝"的角色，震后可能会发生严重破坏且难以修复[4-5]。因此，研究RC剪力墙连梁的震后可恢复技术对促进我国建筑结构防灾减灾能力的提高具有重要意义。

目前连梁可恢复技术的研究大多数集中于可更换钢连梁上。Fortney[6]等通过在连梁跨中安装腹板厚度经过削弱后的工字钢来充当连梁的"保险丝"，以实现"保险丝"先于连梁屈服且损坏后易于更换的目的。滕军[7]等提出可更换钢板连梁，并在大量的试验和理论研究基础上提出了钢板连梁的本构关系。吕西林[8]等对三种可更换钢连梁进行低周往复加载试验，连梁的损坏位置集中在可更换段。李国强[9]等对可更换双阶屈服钢连梁进行大量试验和理论分析，建立了带双阶屈服钢连梁的剪力墙结构简化数值模型。目前国内外对可更换钢连梁的力学性能进行了大量的研究，但对钢连梁的可更换性的研究尚无开展。可更换钢连梁通常采用高强螺栓与RC剪力墙中的预埋件相连，安装精度要求高。由于结构震后存在允许的侧向残余变形，如何能保证可更换钢连梁能够和RC剪力墙中的预埋件进行精准连接，提高钢连梁的更换性是本领域研究人员所亟待解决的技术难题。

预埋件上的预留孔震后空间精准定位是实现可更换钢连梁精准后制作的基础。目前，预留孔空间定位采用以人工持尺测量为主，效率低，误差大，人为因素多。近几年来，随着智能算法和点云技术的不断成熟，其在建筑领域得到了越来越广泛的应用[10-13]。本章拟将智能算法和三维激光扫描技术应用于预留孔的空间精准定位，实现可更换钢连梁的精准后制作。本章研究成果将显著提高可更换构件安装的精度，有效解决可更换构件不易安装、返工量大等工程痛点问题，具有良好的综合效益。

本章将智能算法和点云技术应用于可更换钢连梁的精准后制作，并提出一种方便点云处理的可更换钢连梁-RC剪力墙节点构造（图8.1-1）[14]。左右钢连梁和相应的U形板在工厂采用焊接相连，U 形板通过对拉螺杆和 RC 剪力墙相连，左右钢连梁通过反弯点处的腹板螺栓进行连接。所提出的节点构造可以保证所有 RC 剪力墙的预留孔在同一个平面内，将三维空间点云数据简化为二维平面点云数据，有效简化了孔洞尺寸评估和空间精准定位的难度。

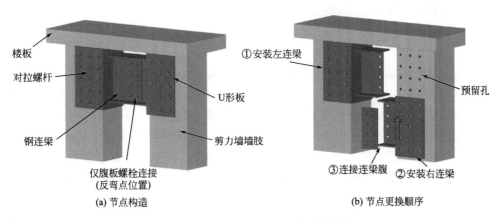

(a) 节点构造   (b) 节点更换顺序

图 8.1-1　可更换钢连梁-RC 剪力墙节点

8.2　螺栓孔精准定位集成算法框架

为了利用点云数据自动化定位螺栓孔位置，本章提出精准定位集成算法，算法框架见图 8.2-1。在第一步中，各螺栓孔边界数据将采用一种结合二维网格图与区域准则的边界检测方法进行提取。在第二步中，根据所提取的各螺栓孔边界数据，提出一种基于 RANSAC 算法[15] 的改进圆孔拟合方法，用于对螺栓孔圆心与半径的估计。

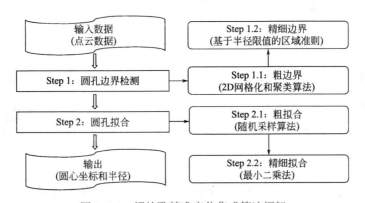

图 8.2-1　螺栓孔精准定位集成算法框架

8.3　螺栓孔边界检测算法

由于可更换钢连梁的施工允许误差仅为 2mm，因此有必要采用高分辨率扫描参数进行剪力墙螺栓孔的扫描，从而获得高密度的点云数据。然而，在高密度的点云数据中检测螺栓孔边界将会造成巨大的计算负荷。为了克服高密度点云数据所带来的巨大计算量问题，本节中改进了 7.2.3 节中的边界检测方法，通过粗边界与精细边界的提取来减小总体计算量。在粗边界提取中（Step 1.1），利用二维网格图与聚类算法来初步获取较为粗糙的螺栓孔边界作为候选边界点。在精细边界提取中（Step 1.2），采用一种基于半径限值的区域准则方法来获得各螺栓孔准确的边界点。

8.3.1　粗边界检测

在将剪力墙或钢梁端板进行三维激光扫描后，由于大部分的点云数据都在一个平坦的表面上，可以先采用 PCA 算法[16] 对扫描点云数据进行降维处理。因此，螺栓孔的边界检测可以通过对二维数据的处理实现。为了获得各螺栓孔边界，所提出的边界检测算法首先将高密度的二维数据进行平面网格划分，本算法中的网格尺寸设置为 2mm。划分后的二维数据转化为二维网格图，该二维网格图为二值图像，网格中存在数据点为 1，反之则为 0（图 8.3-1）。为了克服输入点云数据的造型不确定性对外部边界的影响，所采用的二维网格图的边长尺寸需要超过二维数据在 x 与 y 方向上的最大距离差 X_{max} 与 Y_{max}。在获得二维网格图后，如图 8.3-2 所示，所有不含点云数据的空网格将被聚类并以不同颜色进行表示。图中橙色表示的具有最大空网格数的类别将被自动移除出螺栓孔类别。最后，每个螺栓孔类中边缘网格内的数据点根据 k 最近邻（kNN）算法[17] 进行扩增，各螺栓孔扩增的数据点即为粗边界，而这些点都是用于进一步精细边界检测的候选点（图 8.3-3），其中本节中所采用 kNN 的个数为 50[①]。

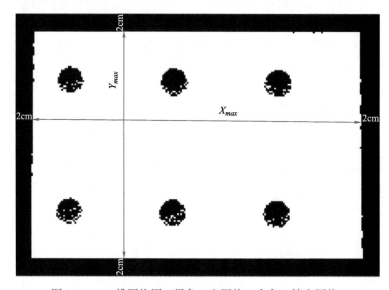

图 8.3-1　二维网格图（黑色：空网格；白色：填充网格）

8.3.2　精细边界检测

本节中采用区域准则来判断每个候选点是否为边界点。如 7.2.3 节所述，每个候选点

---

　① 选用 50 进行扩增点计算是为了保证所有螺栓孔边界都被包括，其他具有相同效果的 kNN 个数也可以采用。

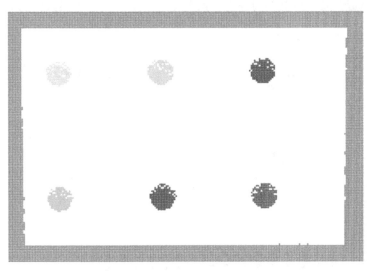

图 8.3-2　二维网格图（黑色：空网格；白色：填充网格）

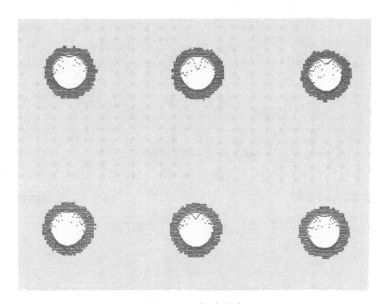

图 8.3-3　粗边界点

P_d 的 k 邻域被分为 8 个区域，若至少有两个区域中不含有 P_d 的邻域点，则 P_d 被判定为边界点，反之则为内部点（图 8.3-4 给出 k 取 16 时的判别示例）。为了简化对 k 取值的描述，可以假设所有的扫描点如图 8.7 所示在水平与垂直方向中为均匀分布。一方面，如图 8.3-5（a）所示，若采用一个较小的 kNN 个数，例如 k 为 3，会出现过检测的情况，即内部点 P_1 被检测为边界点；另一方面，若采用一个较大的 kNN 个数，例如 k 为 55，则会出现欠检测的情况，即边界点 P_2 被检测为内部点。另外，由于输入点云数据的密度具有不确定性，很难提出一个较为通用的 kNN 个数。为了提高区域准则的鲁棒性，本节中提出采用一个半径阈值来求计算点的邻域点 [图 8.3-5（b）]，从而避免对 kNN 个数的直接设定。本算法的邻域阈值被设置为 $0.5R$，其中 R 表示被扫描螺栓孔洞的设计值。图 8.3-6

给出被检测的高密度高可靠度的边界点，同时螺栓孔附近的边界损失所引起的噪点也将被检测为边界点。

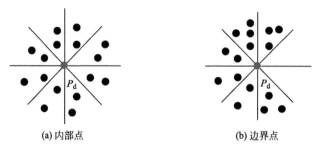

(a) 内部点　　　　　　　　　　　　(b) 边界点

图 8.3-4　区域准则

($k=16$)

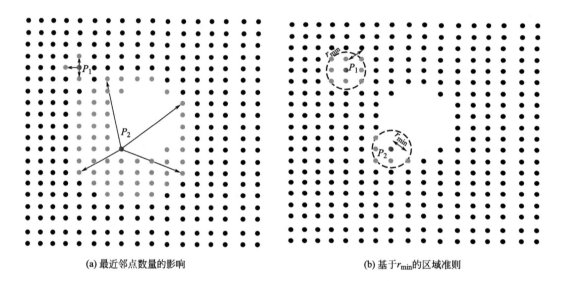

(a) 最近邻点数量的影响　　　　　　　　　　(b) 基于 r_{min} 的区域准则

图 8.3-5　最近邻点数量选取准则

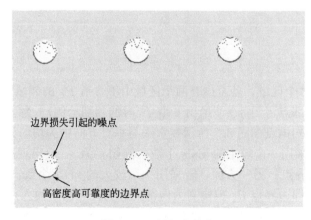

图 8.3-6　精细边界点

8.3.3 边界检测算法对比

本节中将所提出的边界检测算法与基于二值图像与 Canny 算子[18] 的常用方法进行对比。利用 Canny 算子可以直接对点云数据转化的二值图像进行图像边界检测，并根据图像边界提取螺栓孔点云数据的边界。在对比实验所采用的点云数据中，三维激光点个数为66779，计算机 CPU 配置为 i7-7700k @4.20GHz。基于二值图像与 Canny 算子的方法的处理时长为 0.37s，而所提出的边界检测算法耗时 5.71s。虽然采用 Canny 算子进行螺栓孔点云数据的边界检测比所提出的算法在计算速度上具有明显的优势，但如图 8.3-7 所示，由基于二值图像与 Canny 边界检测算子的方法检测的边界点仅包含一部分的高可靠度边界点。因此，在边界检测效果方面，所提出的边界检测算法优于基于二值图像与 Canny 算子的方法。

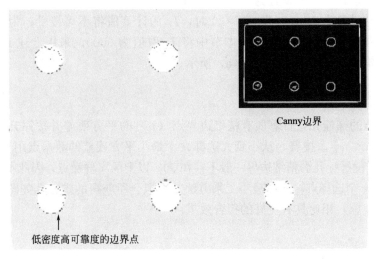

图 8.3-7　基于图像二值化和 Canny 边界检测算法的边界检测结果

8.4　螺栓孔拟合算法

由 Step 1.2 中获得的各螺栓孔精细边界点将用来拟合螺栓孔。由于最小施工允许误差仅为 2mm，用于拟合螺栓孔的算法必须对离群噪点具有一定的鲁棒性。RANSAC 算法常用于对具有噪点的数据进行形状拟合，然而 RANSAC 算法对于设置参数较为敏感并且当随机采样的子集包含噪点时也会对拟合造成影响。由于获得的螺栓孔精细边界中存在由边缘损失所带来的离群噪点，本章算法提出一个包含粗拟合与精拟合的鲁棒 RANSAC 算法来克服边缘损失所带来的影响。

8.4.1　粗拟合

RANSAC 算法在实施迭代过程中具有两个基本步骤。第一步是从精细边界点中随机抽样出一定数量的子集并根据该子集拟合螺栓孔，第二步则是采用所有精细边界点评估该拟合圆。对于 RANSAC 算法，评估函数 C 由式（8.4-1）与式（8.4-2）构成：

$$C = \sum_i \rho(e_i^2) \tag{8.4-1}$$

$$\rho(e_i^2) = \begin{cases} 1 & \text{当 } e_i^2 \leqslant t^2 \\ 0 & \text{当 } e_i^2 > t^2 \end{cases} \tag{8.4-2}$$

式中：e_i——第 i 个边界点到拟合螺栓孔的距离；

　　　t——预设距离阈值。

在 RANSAC 算法中有三个重要参数，分别为迭代次数 I_n，子集个数 m_s 以及距离阈值 t。I_n 可以由蒙特卡罗类型概率方法进行计算：

$$I_n = \frac{\log(1 - \eta_0)}{\log(1 - \varepsilon^{m_s})} \tag{8.4-3}$$

其中，ε 为边界点采样比例，本节中根据三维激光扫描仪扫描的总点云数据设置为 50%；η_0 为计算系数，通常设置为 0.99；m_s 被设置为精细边界点个数的 20%；t 按照施工允许误差则被设置为 2mm。当 $m_s > 20$ 时，I_n 的计算值将不可接受；为了使得所提出的拟合算法对参数选择更具鲁棒性，本节中将 I_n 取值为 5000。采用上述 RANSAC 算法获得的粗拟合螺栓孔效果如图 8.4-1（a）所示。

8.4.2　精细拟合

基于粗拟合的螺栓孔，计算所有精细边界点（p）的平方残差并按照升序排列，例如 $e_1^2 \leqslant \cdots \leqslant e_h^2 \cdots \leqslant e_p^2$。接着，从小到大选择 h 个最小平方残差的数据点用于进一步拟合。根据观察，扫描的螺栓孔洞精细边界一般不存在 50% 以上的离群噪点，因此本节中 h 被设置为 $0.5p$。基于 h 个选择点，采用最小二乘方法二次拟合所获得的螺栓孔如图 8.4-1（b）所示，与图 8.4-1（a）相比具有更好的拟合效果。

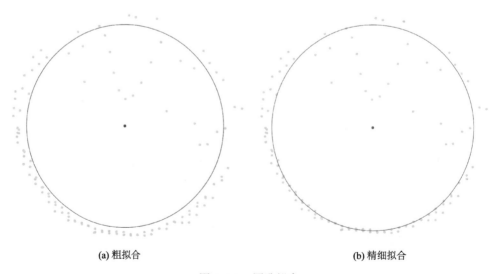

(a) 粗拟合　　　　　　　　　　　　　　(b) 精细拟合

图 8.4-1　圆孔拟合

8.4.3　拟合算法对比

本节中将所提出的算法与常用拟合算法中 RANSAC 算法和最小二乘拟合算法进行了

对比。对比实验所选用的点云数据为具有一定离群噪点的螺栓孔精细边界点，所有的拟合结果均采用该螺栓孔的人工测量结果进行评估。图 8.4-2 给出了三种螺栓孔拟合的结果，其中 RANSAC 算法与最小二乘算法的最大半径误差分别为 1.38mm 与 1.31mm，而所提出的圆孔拟合算法的最大半径误差仅为 0.83mm。由对比结果表明，所提出的螺栓孔拟合算法对于离群噪声点相比于其他两种算法具有更好的鲁棒性。

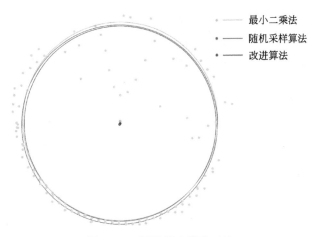

图 8.4-2　圆孔拟合算法对比

8.5　集成算法验证

8.5.1　试件设计与结果分析

为了对本章所提的集成算法进行验证，进行了试验，试验对象为三个带螺栓孔的钢板，试件具体尺寸如图 8.5-1 所示；螺栓孔设计直径为 30mm 和 50mm，螺栓设计间距为 125mm 和 150mm，螺栓孔真实直径和螺栓真实间距均通过精度为 0.001mm 的游标卡尺进行测量。采用陆地式三维激光扫描仪 FARO S150 对试件进行点云数据采集，点云数据

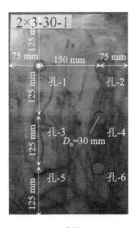

(a) 试件1

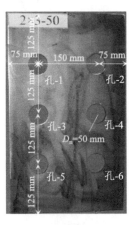

(b) 试件2

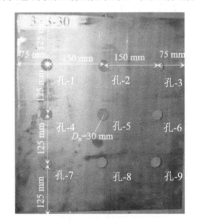

(c) 试件3

图 8.5-1　试件尺寸

采集方案如图8.5-2所示，试验参数有扫描距离L，扫描角度K/L（K为扫描仪相对试件中心点偏移距离）以及扫描分辨率θ。扫描仪到试件平面的垂直距离L分别取1.5m、2.0m、2.5m，扫描角度K/L分别取0.3/1.5、0.6/1.5、0.9/1.5、1.2/1.5、1.5/1.5，扫描分辨率θ分别取1/2、1/4、1/5、1/8。

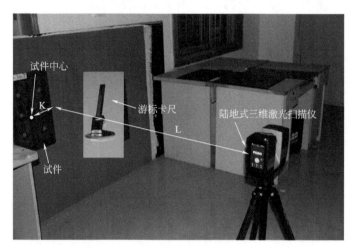

图8.5-2　点云数据采集方案

螺栓孔评估内容包括半径误差Δd、圆心坐标误差Δp、安装误差Δc，半径误差Δd为算法评估半径（R_e）和真实半径（R_m）的差值。为了确定圆心坐标误差Δp，首先采用最近邻算法将螺栓孔群真实坐标和算法评估坐标进行匹配（图8.5-3），匹配后的圆心坐标差即为Δp。安装误差Δc的定义如图8.5-4所示，可通过下式进行计算：

$$\Delta c = |R_e - R_m| + \Delta p = \Delta d + \Delta p \tag{8.5-1}$$

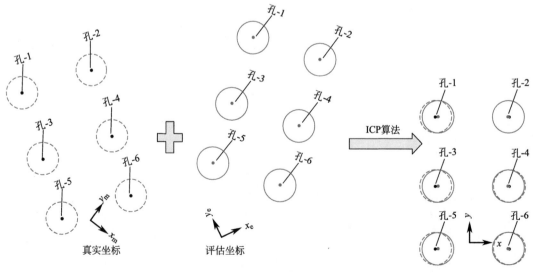

图8.5-3　真实坐标和评估坐标的匹配

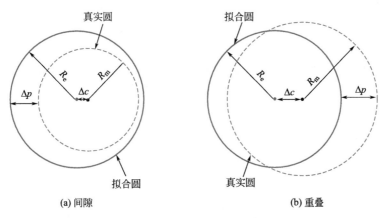

(a) 间隙   (b) 重叠

图 8.5-4 安装误差 Δc 的定义

扫描距离 L，扫描角度 K/L 以及扫描分辨率 θ 对集成算法精度的影响规律见图 8.5-5。如图 8.5-5（a）所示，集成算法误差在扫描角度 K/L 为 0 时最大，这是由于钢板具有高反射率特性，扫描角度 K/L 为 0 时的钢板点云数据存在大量缺失，显著降低集成算法的精度。因此，在实际应用陆地式激光扫描仪采集钢板点云数据过程中，扫描角度 K/L 应控制在 0.2～1.0 之间或者采用适当措施降低钢板的反射率。如图 8.5-5（b）所示，扫描分辨率 θ 越高，点云数据质量越好，从而集成算法误差越小，但太高的扫描分辨率会造成

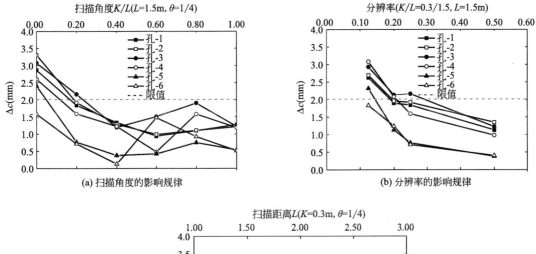

(a) 扫描角度的影响规律   (b) 分辨率的影响规律

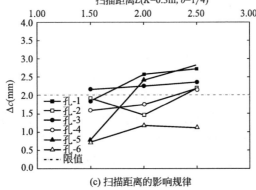

(c) 扫描距离的影响规律

图 8.5-5 扫描参数对 Δc 的影响规律

扫描时间的增加，建议采用 1/2 的扫描分辨率。如图 8.5-5（c）所示，扫描距离 L 越大，集成算法误差越大，这是由于随着扫描距离 L 的增大，扫描角度 K/L 会相应地减小，从而加大集成算法误差。

采用上文建议的试验参数对三个试件进行试验，试验结果如图 8.5-6 所示，可以看出，半径误差 Δd、圆心坐标误差 Δp 以及安装误差 Δc 均在允许误差 2mm 范围内，验证了本章所提集成算法的可行性。

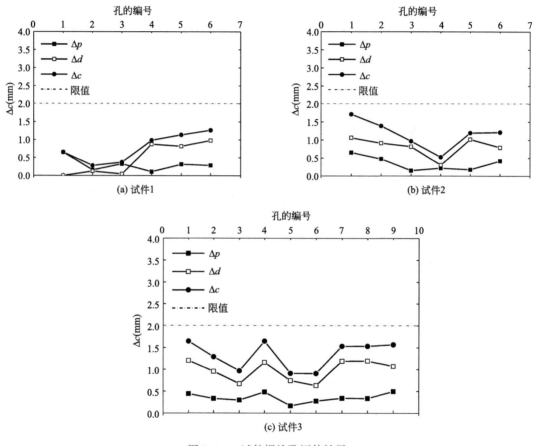

图 8.5-6　试件螺栓孔评估结果

8.5.2　场景应用

为了验证本章所提算法在真实场景的适应性，对带有 20 个螺栓孔的剪力墙进行了试验。案例 1 为新建联肢剪力墙结构，案例 2 为地震后的联肢剪力墙结构。本章对案例 1 和案例 2 进行点云数据采集（图 8.5-7），其中扫描距离 L 为 1.5m，扫描分辨率为 1/2，扫描角度 K/L 为 0.28。通过本章提出的集成算法实现对螺栓孔的精准定位，从而可以生成可更换钢连梁的 CAD 图纸（图 8.5-8），进而制作出可更换钢连梁（图 8.5-9）。试验表明，基于集成算法确定的可更换钢连梁可以较容易地安装到联肢剪力墙结构中，验证了本章所提算法在真实场景的适应性（图 8.5-10）。

(a) 案例1

(b) 案例2

图 8.5-7 足尺联肢剪力墙

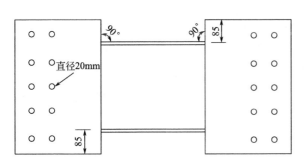
(a) 案例1

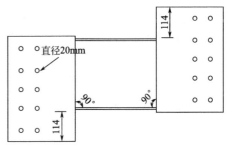
(b) 案例2

图 8.5-8 圆孔定位图

(a) 案例1

(b) 案例2

图 8.5-9 后制作可更换钢连梁

 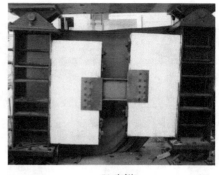

(a) 案例1　　　　　　　　　　　　　　　　　　　(b) 案例2

图 8.5-10　后制作可更换钢连梁安装

8.6　本章小结

　　本章将智能算法和三维激光扫描技术应用于可更换钢连梁的精准后制作，提出了一种方便点云处理的可更换钢连梁-RC 剪力墙节点构造以及螺栓孔精准定位集成算法。在实际应用陆地式三维激光扫描仪采集钢板点云数据过程中，扫描角度 K/L 应控制在 $0.2\sim1.0$ 之间，或者采用适当措施降低钢板的反射率；扫描分辨率 θ 越高，点云数据质量越好，从而集成算法误差越小，但扫描分辨率的提高会造成扫描时间的增加，建议采用 1/2 的扫描分辨率进行数据采集；扫描距离 L 越大，集成算法误差越大，这是由于随着扫描距离 L 的增大，扫描角度 K/L 会相应地减小，从而加大集成算法误差；所提出的螺栓孔精准定位集成算法能够应用于可更换连梁的精准后制作。

参考文献

［1］包世华，方鄂华. 高层建筑结构设计［M］.北京：清华大学出版社，1985.

［2］周颖，吕西林. 智利地震 RC 高层建筑震害对我国高层结构设计的启示［J］.建筑结构学报，2011，32（5）：17-23.

［3］KAM W Y, PAMPANIN S, ELWOOD K. Seismic performance of reinforced concrete buildings in the 22 February Christchurch (Lyttelton) earthquake［J］. Bulletin of the New Zealand Society for Earthquake Engineering，2011，44（4）：239-278.

［4］EL-TAWIL S, HARRIES K A, FORTNEY P J, et al. Seismic design of hybrid coupled wall systems：state of the art［J］. Journal of Structural Engineering，2010，136（7）：755-769.

［5］王亚勇. 汶川地震建筑震害启示—抗震概念设计［J］. 建筑结构学报，2008，29（4）：20-25.

［6］FORTNEY PJ, SHAHROOZ BM, RASSATI GA. Large-scale testing of a replaceable "fuse" steel coupling beam［J］. Journal of structural engineering，2007，133（12）：1801-1807.

［7］滕军，马伯涛，李卫华. 联肢剪力墙连梁阻尼器伪静力试验研究［J］. 建筑结构学报，2010，31（12）：92-100.

［8］吕西林，陈云，蒋欢军. 可更换连梁保险丝抗震性能试验研究［J］. 同济大学学报（自然科学版），2013，41（9）：1318-1325.

［9］ LI G，SUN F，JIANG J. Study on two-level-yielding steel coupling beams for seismic-resistance of shear wall systems ［J］. Journal of Constructional Steel Research，2018，144：327-343.

［10］ CABALEIRO M，RIVEIRO B，ARIAS P，et al. Automatic 3D modelling of metal frame connections from LiDAR data for structural engineering purposes ［J］. Journal of Photogrammetry and Remote Sensing，2014，96：47-56.

［11］ WANG Q，KIM M K，CHENG J C P，Sohn H. Automated quality assessment of precast concrete elements with geometry irregularities using terrestrial laser scanning ［J］. Automation in Construction，2016，68：170-182.

［12］ CHA YJ，CHOI W，BÜYÜKÖZTÜRK O. Deep learning-based crack damage detection using convolutional neural networks ［J］. Computer-Aided Civil and Infrastructure Engineering，2017，32 （5）：361-378.

［13］ LI D，LIU J，FENG L，et al. Terrestrial laser scanning assisted flatness quality assessment for two different types of concrete surfaces ［J/OL］. Measurement，2020：107436 ［2020-06-20］. https：// www. sciencedirect. com/science/article/abs/pii/S026322411931303X.

［14］ ZHOU X，LIU J，CHENG G，et al. Automated locating of replaceable coupling steel beam using terrestrial laser scanning ［J］. Automation in Construction，2020.

［15］ SCHNABEL R，WAHL R，KLEIN R. Efficient RANSAC for point-cloud shape detection ［C］// Computer Graphics Forum，2007：214-226.

［16］ PEARSON K. LIII. On lines and planes of closest fit to systems of points in space ［J］. The London，Edinburgh，and Dublin Philosophical Magazine and Journal of Science，2010，2 （11）：559-572.

［17］ DASARATHY B V. Nearest neighbor （NN） norms：NN pattern classification techniques ［J］. IEEE Computer Society Tutorial，1991.

［18］ CANNY J. A computational approach to edge detection ［J］. IEEE Transactions on Pattern Analysis and Machine Intelligence，1986，PAMI-8 （6）：679-698.

9   施工现场对象与工人安全智能识别技术

近年来智能监控技术快速发展，建筑施工现场可通过安装高分辨率的智能摄像头进行实时监控，并采用人工智能算法自动识别施工人员及工地现场状态。本章将介绍建筑施工场景数据集制作过程，提出基于深度学习目标检测算法的施工现场智能识别技术，设计建筑工地智能识别系统的软件架构。

9.1   建筑工地场景图像数据集搭建

智能目标检测技术需要大量有标签的数据集以完成深度学习模型训练，完备的数据集可保证模型快速准确地收敛且避免过拟合问题。一般需要数百张以上图像集，才可完成检测模型的训练，且需在不同建筑施工现场随机选取图像以保证数据集多样性，包含各种施工设备与材料。同时为了保证数据集的泛化性，增加了部分目标检测对象被小范围遮挡的噪声图片。数据集的图片来源有以下三个途径：（1）利用搜索引擎从互联网中获取图片；（2）利用摄像机在施工现场进行人为手工拍摄；（3）从施工现场的监控视频中提取视频帧。

9.1.1   图片获取

图片获取过程基于爬虫技术从百度搜索、必应搜索等多种搜索引擎中获取图片。此过程采用异步加载的方式，不能通过静态标签匹配到图片的 URL，选择通过向服务器发送 ajax 请求的方式下载图片。分析请求字段信息，差异主要在于 word、pn 以及 gsm，分别代表关键字、页面以及页面的十六进制数。使用这些元素拼接所需要请求的 URL。每张图片有 4 种 URL，分别为 fromURL、middleURL、thumbURL、objURL，只有 objURL 没有反爬虫措施。因而采用 objURL 作为请求，图片获取流程如下：（1）将搜索关键字 keyword 编码后得到请求地址；（2）得到该请求地址的 JSON 数据；（3）分析 JSON 数据匹配出 objURL 地址；（4）请求此地址下载图片。

9.1.2   图片筛选

利用上述三种图片获取途径收集到的图片无法直接使用，需要进一步筛选。本章设定了以下三个条件进行图片筛选，分别是：（1）图片分辨率均要高于 500×500，且包含的被检测目标对象分辨率均要超过 30×30；（2）图像背景及拍摄角度保持多样性，同时限制完全相同背景图片数量；（3）图片照明条件适宜，剔除不满足条件的图片，例如图片是夜晚的施工场景，由于光照条件不足，影响对目标检测对象特征的提取，也影响训练的模型的准确性。经过筛选收集近 50000 张图片，部分数据集的图片如图 9.1-1 所示。

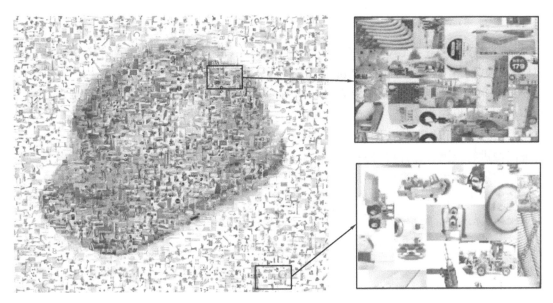

图 9.1-1　建筑场景数据集

9.1.3　图片标注

　　图片筛选后在每张图片上标记待检测对象。用标注软件 LabelImg 来对图像进行标记，图像中每个对象周围用矩形框进行标记，并保存每一个图像的标签数据。LabelImg 是一个可视化的图像标注工具，Faster R-CNN[1]、YOLO[2]、SSD[3] 等目标检测网络所需要的数据集格式，均可借此工具标定图像中的目标[4]。标注工具作用是在原始图像中标注目标物体位置，对每张图片生成相应的 xml 文件，使计算机读取目标标注框的类别与位置。在进行图片标注前，将收集的图片按照 8∶2 比例随机划分为训练集和测试集，使用标注工具标注数据集中每一张图像包含对象的类别，完成数据集的制作。

9.2　基于目标检测算法的工地设备与物料智能识别

9.2.1　待解决问题分析

　　视觉是人类和动物获取外界信息的最重要途径，但计算机视觉与目标检测却充满了挑战，其中目标检测是施工对象智能识别的关键。施工现场环境复杂，传统目标检测算法仅依靠人工定义特征从图像中识别施工设备以及物料，任务难度大。目前计算机视觉中，深度学习应用可更好地解决识别问题。利用大量的数据训练，更加有效地从图像中提取特征。基于深度学习的目标检测，重点关注物体具体的位置和物体所属的类别。因此，关于目标检测可划分为获取候选检测窗口、目标物体特征提取和目标分类三个步骤，如图 9.2-1 所示。

图 9.2-1　目标检测具体步骤

141

9.2.2 目标检测模型构建

采取基于 Faster R-CNN 神经网络搭建目标检测模型。其主要分为两个部分：用于生成候选区域网络 RPN（Region Proposal Network）；用于目标分类的 Faster R-CNN 分类器。RPN 将任意尺寸的图片作为输入，输出一系列包括所有目标物体的矩形框，且每一个矩形框具有置信度数值。在候选框提取之前，利用 Inception V2[5] 和 ResNet50[6] 两种方法对图片做卷积提取特征图像。RPN 结构如图 9.2-2 所示，用大小为 3×3 滑动窗口对特征图像进行检测，并针对每一个窗口内的特征映射到 256 维的向量中，分别输入到分类层和回归层。在生成的窗口中心处，选取 k 个大小尺寸不相同的候选框（anchor boxes），接着传入分类层以判定是否为检测对象，共有 $2k$ 个得分。最后传入回归层中，候选框中心点由横/纵坐标、矩形框长度/宽度四个参数共同决定，共有 $4k$ 个坐标参数需要确定。

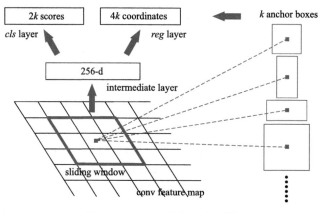

图 9.2-2　RPN 结构示意图[2]

训练过程使用分类层对该区域是否为物体进行得分计算，回归层对区域的位置参数进行输出。得到上述信息后，与输入图像已知标记进行比对，从而带入损失函数进行计算。当对应候选框的交并比 IoU（Intersection-over-Union）的值大于 0.7 时记为正样本，小于 0.3 时记为负样本，对于 0.3 到 0.7 的情况忽略不计。特征图像输入到 RPN 并经过一系列计算获取二分类信息和候选区域信息，之后通过 ROI 池化层处理，处理结果作为下一步 Fast R-CNN 的输入，实现对其中参数的有效训练。智能检测识别模型可通过对预训练模型进行迁移学习得到。两个预训练模型（faster_rcnn_inception_v2_coco 和 faster_rcnn_resnet50_coco）均由基于 COCO 数据集训练得到，通过对预训练模型中的全连接层参数进行训练，从而得到新的训练模型[7]。迁移学习利用事先学习的知识技能来解决新的任务。通过调整在特定数据集训练后的神经网络，使其适应于新问题，即在新的数据集上直接利用已训练好的神经网络隐含层，对图像进行相应的特征提取并作为全连接层的输入，训练得到能够解决新问题的神经网络模型。

上述过程使用谷歌最新开源的深度学习框架 TensorFlow，完成深度学习模型的训练。首先搭建 TensorFlow 基础框架库，其中包括训练图像、所需分类器、配置文件以及对象检测分类器所需的其他内容。在 GitHub 中的 TensorFlow 目标检测模型集合中下载所需的模型即基于特定数据集下特定神经网络架构的预训练分类器。安装软件 Anaconda 包管理器，在 Anaconda 中设置名为 Tensorflow 的虚拟环境，然后在新建的虚拟环境中安装程序包 TensorFlow_gpu、Tensorboard、lxml、jupyter、numpy、pandas 等其他相应的程序包，更好地管理所需的数据运算库。

在训练阶段每一次迭代都会计算损失函数 loss 值，训练过程中，损失函数 loss 值随迭代次数的增加而下降，直至稳定在较低的值时停止训练。例如在对模型 faster_rcnn_inception_v2 进行训练时，损失函数的值大约从 2.3 开始，并迅速下降至 1.0 以下，直至训练超过 60000 步，loss 函数的值下降保持在 0.05 附近，伴随着微小幅度的波动，终止模型训练。

9.2.3 检测结果

当损失函数稳定在较低数值时终止模型的训练导出其对应的推理图。此时目标物体检测模型可以用于检测。将待测试的建筑场景图片输入到深度学习模型中得到如图 9.2-3 所示的结果。

图 9.2-3 设备物料识别结果

9.3 施工现场多级危险源的智能识别及预警

9.3.1 危险源数据集制作

危险识别与预警识别侧重识别对象的组合关系，目标对象不只是单个物体。需要针对不同种类的危险场景制作对应的数据集，用于危险识别网络的训练。

（1）未佩戴相关安全防护装备

危险识别任务需要识别工人身体某个区域是否佩戴相应的防护工具，因此在进行算法识别时，需找寻身体未佩戴护具的区域以及判断防护装备的佩戴情况。仅通过在视频中的检测防护装备无法判断。利用工人检测识别会分析整个身体区域，需复杂背景处理。对于上述类型危险数据集的制作采用标注相关的身体区域的方式。对佩戴安全帽的危险源识别，标注示例如图 9.3-1 所示。

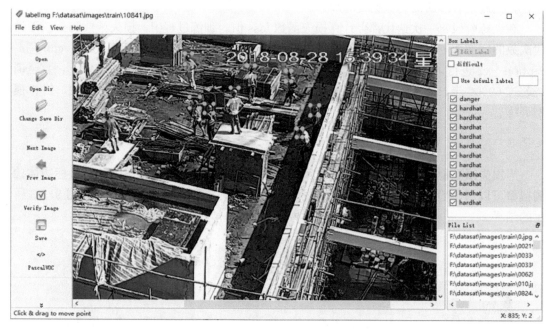

图 9.3-1　LabelImg 安全帽标记

未佩戴相关防护装备的数据集制作与建筑场景数据集制作类似，需数百张图片。本章选取在不同建筑施工现场背景的图片，并含有未佩戴防护装备的工人。收集一定数量目标检测对象部分存在遮挡或与其他物品重叠的情形，丰富数据集。

图片设定以下三个筛选条件：（1）图片的分辨率均要高于 500×500，且包含的被检测的目标对象分辨率大于 30×30；（2）图像的背景及拍摄的角度多样，针对完全相同背景的图片数量不超过 5 张；（3）图片中的照明条件适宜。

（2）工人处于危险区域

工人处于危险区域的识别与预警，涉及工人与其他对象安全距离的判断，例如工人处在高空边缘、车辆附近等，通过识别算法快速识别上述情况的发生，保障工人人身安全。上述检测需要识别人与对象以及判断距离。在进行数据集标注时增加安全距离的判断，标注者对视频所发生的周围环境判断是否存在距离过近的情况，判断工人周围环境是否存在危险。标注者需具备安全规范常识，以满足不同类别的标注要求。

在进行标注过程中，增加此类危险状态的安全距离设置，有利于提前预警以降低危险发生。在实际场景中上述视频数据收集相对困难，选取工地常见的危险边缘类型以及工人鞋子的类型录制视频，进行标注。危险数据集制作多个危险类型时同样保证各个类别图片数量均衡。

9.3.2　危险源识别网络搭建

与施工场景对象识别不同，安全检测需要快速实时满足各个危险类型的报警检测。更换 Faster R-CNN 目标检测网络的特征提取网络，以实时分析多个施工摄像头。考虑实际需求的精度和速度间的平衡，选择端到端的网络快速完成危险源的检测。

该任务使用 YOLOv3 网络，YOLOv3 在之前版本 YOLOv2[8] 的基础上进行了改进，克服小目标对象检测任务中误检或漏检问题。该算法基础网络为 Darknet53，通过在 CO-CO 数据集上进行预训练，得到预训练模型。基础网络对输入图像进行下采样提取特征，得到检测图片的特征图。该网络对特征图进行 5 次下采样，网络的最大步幅为 32 倍，因此输入大小必须为 32 的倍数。特征提取部分 Darknet53 网络借鉴残差网络，在某些层之间加入快捷链路，在确保网络加深提取更复杂特征的同时，降低网络的运算量。与改进前网络相同输入的原始图像被划分为 $S \times S$ 个网格，寻找 ground truth 中某个目标对象的中心坐点标位于哪个网格，从而确定对象的大致位置来检测该对象。每个网格最初都会采用不同尺寸大小的先验框进行搜索，选取先验框中和目标真实框的 IOU 最大的 anchor 来预检测对象。算法的核心思想在图像中直接进行区域搜索检测，接着在输出层回归得出预测边框的位置及其所属的类别信息。模型在特征网络层数以及检测网络变得更深和复杂化，同时在检测速度上较快以及网络运算量较低。使用多个独立的 Logistic 逻辑回归分类器替换 Softmax 解决多标签分类问题，预测每个边框对象分数。

安全检测的网络结构图如图 9.3-2 所示，分为特征提取层和处理输出层。具体分为106 层（从 0 层开始计算），其中 75 层卷积层，23 层 shortcut 层，4 层 route 层，3 层 yolo 层，2 层上采样图层。在卷积层中，主要使用 1×1 和 3×3 滤波器，3×3 卷积层用于减小宽度和高度，增加信道数量，1×1 卷积层用于压缩特征表示后 3×3 卷积层。因为网络层越多，训练就越难，因此 shortcut 层类似于 ResNet 网络的短路层，大大降低训练难度，

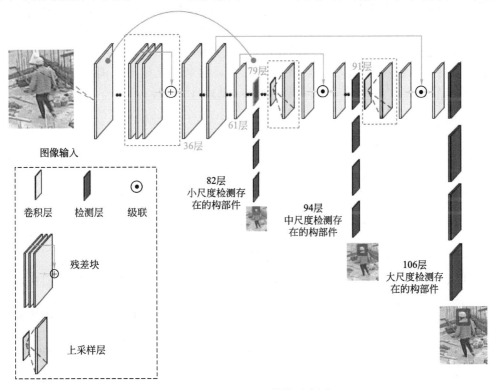

图 9.3-2　YOLOv3 结构示意图

提高训练准确率。route 层实现跨层连接，促进多个不同特征的融合并共同学习。yolo 层用于最终输出预测对象的坐标和类别。上采样层使用两个上采样来将大分辨率特征图与小分辨率特征图连接，以增强对小目标的识别。

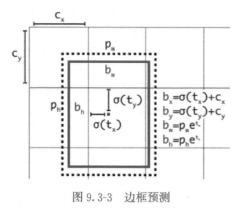

图 9.3-3　边框预测

YOLOv3 使用 anchor 机制得到的先验框进行初始化，预测边框中心点相对于对应的网格左上角位置的偏移量。输入图像分成多个单元格，计算中心点所在的单元的坐标预测的边界框，如图 9.3-3 所示。对边界框中图像进行检测，使用 sigmoid 函数作为类预测的激活函数，判断检测对象的类别。

9.3.3　网络训练与识别结果

本节采用 Darknet 深度学习框架搭建网络模型。Darknet 是基于 C 和 CUDA GPU 并行编写的开源神经网络框架。在 linux 系统下安装速度快，便于安装，同时支持 CPU 和 GPU 计算。选择上述预训练模型进行迁移学习，训练阶段采用的初始学习率为 0.001，使网络快速的学习和收敛，达到一定的训练次数后，学习率降低为 0.0001。采用动量 0.9，使用小批量随机梯度下降进行优化，一个批次输入到网络的图片为 32 张。防止过拟合，将权重衰减正则项系数设为 0.0005。anchor 的维数与尺寸根据实际安全帽的长宽比重新进行修改，长宽比主要依据标记类别对象的长宽比设定，更加准确地确定检测对象的位置。与前面的网络训练一样，数据集比例保持不变，将所有的数据集图片重新调整到 416× 416 像素大小输入到网络模型中进行训练，为提高准确率增大相应的尺寸。

将训练样本集输入到预训练后的网络模型中，对网络模型进行训练，直至损失函数 loss 达到设定的阈值。网络模型总损失函数 loss 见式（9.3-1）。

$$
\begin{aligned}
\text{loss} = & \lambda_{\text{coord}} \sum_{i=0}^{s^2} \sum_{j=0}^{B} l_{ij}^{\text{nohardhat}} \left[(x_i - \hat{x}_i)^2 + (y_i - \hat{y}_i)^2 \right] \\
& + \lambda_{\text{coord}} \sum_{i=0}^{s^2} \sum_{j=0}^{B} l_{ij}^{\text{nohardhat}} \left[\left(\sqrt{w_i} - \sqrt{\hat{w}_i} \right)^2 + \left(\sqrt{h_i} - \sqrt{\hat{h}_i} \right)^2 \right] \\
& + \sum_{i=0}^{s^2} \sum_{j=0}^{B} l_{ij}^{\text{nohardhat}} (C_i - \hat{C}_i)^2 \qquad\qquad (9.3\text{-}1) \\
& + \lambda_{\text{hardhat}} \sum_{i=0}^{s^2} \sum_{j=0}^{B} l_{ij}^{\text{nohardhat}} (C_i - \hat{C}_i)^2 \\
& + \sum_{i=0}^{s^2} l_{i}^{\text{nohardhat}} \sum_{c \in \text{class}} (P_i(c) - \hat{P}_i(c))^2
\end{aligned}
$$

式中，$\lambda_{\text{coord}} \sum_{i=0}^{s^2} \sum_{j=0}^{B} l_{ij}^{\text{nohardhat}} \left[(x_i - \hat{x}_i)^2 + (y_i - \hat{y}_i)^2 \right]$ 为中心坐标的损失函数；$\lambda_{\text{coord}} \sum_{i=0}^{s^2} \sum_{j=0}^{B} l_{ij}^{\text{nohardhat}} \left[(\sqrt{w_i} - \sqrt{\hat{w}_i})^2 + (\sqrt{h_i} - \sqrt{\hat{h}_i})^2 \right]$ 为宽度和高度的损失函数；$\sum_{i=0}^{s^2} \sum_{j=0}^{B} l_{ij}^{\text{nohardhat}} (C_i - \hat{C}_i)^2$ 和 $\lambda_{\text{hardhat}} \sum_{i=0}^{s^2} \sum_{j=0}^{B} l_{ij}^{\text{nohardhat}} (C_i - \hat{C}_i)^2$ 为 iou 误差；$\sum_{i=0}^{s^2} l_{i}^{\text{nohardhat}} \sum_{c \in \text{class}} (P_i(c) - \hat{P}_i(c))^2$ 为分类误差。S^2 为网格的数量；B 为每个单元格中的预测框数的数量；x、y 为预测框的中心坐标；w、h 为预测框的宽度和高度；C 为

预测框的置信度；P_i（c）指的是属于类 c 的对象在网格 i 中的真实概率；$\hat{P}_i$（c）是预测值；λ_{coord} 为位置损失函数的权重；λ_{hardhat} 为分类损失函数的权重；$l_{ij}^{\text{nohardhat}}$ 表示在第 i 个小区域的第 j 个检测帧中是否存在未佩戴安全帽的作业人员，如果存在，则值为 1，否则为 0；$\hat{x}$，$\hat{y}$，$\hat{w}$，$\hat{h}$，$\hat{C}$，$\hat{P}$ 为对应的预测值。

模型测试过程如图 9.3-4 所示，网络调整输入视频图像的大小，调整到 YOLOv3 网络输入尺寸，经过特征提取层和处理输出层进行图片的目标检测，输出目标检测图像信息。

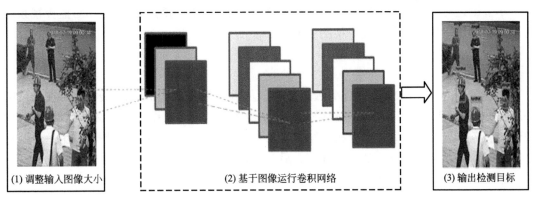

(1) 调整输入图像大小　　　　(2) 基于图像运行卷积网络　　　　(3) 输出检测目标

图 9.3-4　视频图像检测过程

实际监控视频测试对应的结果，此处设置阈值 iou＝0.5 的情况，当类别输出的值达到 0.5 则认为检测成功，mAP 与 Recall 都超过了 90%，总体的检测效果良好。在检测效率方面，平均检测一张图片耗时 50ms 左右，对应实际摄像头每秒钟产生 30 帧数数据，可处理大部分图片帧数的数据。更低的计算量使服务器可同时处理多路的摄像头数据，相较于 Faster R-CNN 的算法，计算量降低很多，同时准确度损失并不多，其更加适用于实际场景。

图 9.3-5 给出实际施工现场工人安全帽的检测结果。考虑检测速度与准确度的平衡问

图 9.3-5　安全帽检测现场实际测试结果

题，将图片设置不同的尺寸进行输入，改变检测的速度与准确度，图片输入尺寸越大，相对检测速度越慢，检测精度越高。在实际场景检测中为获取更高的准确度，可通过获取以往的摄像头视频监控录像，进行图片标记。在保证数据集多样性和平衡的同时，增加待检测场景的数据可提高检测准确率。

9.4 智能识别系统的搭建

本节论述对上述的训练所得模型进行部署，建立实际应用测试的系统，对监控视频或者图片数据进行分析识别，完成检测任务。

9.4.1 系统处理流程图

系统主要由 IP 摄像头、多任务云服务器以及用户 Web 端组成。IP 摄像头可在局域网中获得分配的 IP 地址。用户可通过内网接收摄像头数据，将数据上传到文件存储服务器，由云端服务器进行视频分析，分析的结果实时传输到客户端。多任务服务器可用一台服务器完成多个服务器的任务，如文件存储、后台管理以及 MQ 队列信息通信的功能。

系统的整体处理流程如图 9.4-1 所示。

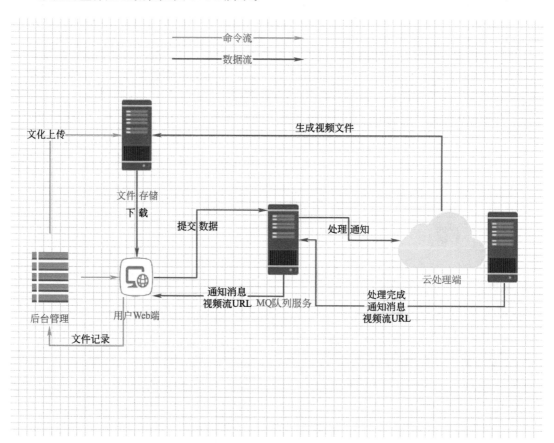

图 9.4-1 系统处理流程图

系统对于客户端的要求不高，客户仅完成文件上传、接收结果并显示的功能。服务端完成工人活动状态识别并统计施工效率。服务器配置如表 9.4-1 所示。

设备配置信息　　　　　　　　　　　　　　　　　表 9.4-1

设备	配置
多任务服务器	Cpu：Intel i7-7700K；内存：16G DDR4；显卡：1050Ti；系统：windows10
Web 客户端	Cpu：Intel i5-7500；内存：8G DDR4；显卡：HD630；系统：windows10

将整体算法框架进行服务端部署，系统采用信息队列接收客户端的请求，可以满足异步操作以及保存每一次的消息请求。

9.4.2 系统框架分析

（1）施工场景智能识别整体算法基于 Tensorflow 以及 Keras 等深度学习框架进行实现，在服务端完成上述环境的搭建。

Tensorflow 是 Google 公司开源的第二代深度学习框架[9]。Tensorflow 使用数据流图（DataFlowGraph）的方式进行数值计算，可将计算图中的节点分配到不同的硬件设备中，充分利用资源。其组件主要包括三部分：（a）用于定义模型和训练的 API；（b）帮助可视化调试的 TensorBorad；（c）部署服务系统 Tensorflow Serving。

Keras 包含许多常用的神经网络构造块的实现，例如层、目标、激活函数、优化器等，处理图像和文本数据更加容易，降低编写深度神经网络的难度[10]。Tensorflow 已经把 Keras 合并到主代码中，使用 tf.keras 可调用其中的工具库。tf.keras 是用于构建和训练深度学习模型的 TensorFlow 高阶 API。它具有以下三大优势：（a）方便用户使用，提供切实可行的清晰反馈；（b）具有模块化和可组合的特点，将可配置的构造块组合构建Keras 模型；（c）易于扩展，可自定义构造块，创建新层、损失函数开发先进的模型。

（2）系统所使用的图像处理库为 OpenCV，用于处理视频数据以及图片数据。

OpenCV 是一个跨平台计算机视觉的开源工具库，由一系列 C 函数和少量 C++类组成，在计算机视觉和图像处理等领域应用广泛[11]。OpenCV 提供一整套开源且高度优化的计算机视觉软件基础库，可在 Windows、Linux 等多种操作系统上运行，支持 C、Python、Java 等多种语言接口。主要具有以下优势：（a）开源性，基于 BSD 许可发行的计算机视觉库，代码规范，兼具完好的扩展性；（b）可跨平台，具有良好的可移植性，方便且可靠；（c）具有多样化函数库，覆盖计算机视觉的大多应用领域，从图像处理到模式识别、从二维平面到相机的三维定标以及三维重构等。

9.5　本章小结

本章研究基于深度学习目标检测算法的建筑场景智能检测技术，可智能识别设备与物料，并实时检测施工危险事情。提出了大型建筑场景数据集制作流程，包括图片收集、筛选以及标注，并建立了基于卷积神经网络的深度学习模型。针对精度要求高的检测任务采用多阶段神经网络模型，针对实时性要求高的检测任务采用单阶段神经网络模型。最后，自动分析建筑施工现场中安装的摄像头拍摄数据，搭建施工现场远程识别与监管系统，对实际现场智能识别系统搭建具有一定参考意义。

参考文献

[1] REN S，HE K，GIRSHICK R，et al. Faster r-cnn：towards real-time object detection with region proposal networks [C] //Advances in Neural Information Processing Systems. 2015：91-99.

[2] REDMON J，FARHADI A. Yolov3：an incremental improvement [J/OL]. arXiv preprint arXiv：1804. 02767，2018. [2020-06-20]. https：//arxiv. org/abs/1804. 02767.

[3] LIU W，ANGUELOV D，ERHAN D，et al. Ssd：single shot multibox detector [C] //European Conference on Computer Vision. Springer，Cham，2016：21-37.

[4] TZUTALIN. Labellmg [EB/OL]. https：//github. com/tzutalin/labelImg.

[5] IOFFE S，SZEGEDY C. Batch normalization：accelerating deep network training by reducing internal covariate shift [J/OL]. arXiv preprint arXiv：1502. 03167，2015. [2020-06-20]. https：//arxiv. org/abs/1502. 03167.

[6] HE K，ZHANG X，REN S，et al. Deep residual learning for image recognition [C] //Proceedings of the IEEE Conference on Computer Vision and Pattern Recognition，2016：770-778.

[7] TENSORFLOW. Models [EB/OL]. [2020-06-20]. https：//github. com/tensorflow/models/blob/master/research/object _ detection/g3doc/tf1 _ detection _ zoo. md.

[8] REDMON J，FARHADI A. Yolo9000：better，faster，stronger [C] //Proceedings of the IEEE Conference on Computer Vision and Pattern Recognition，2017：7263-7271.

[9] TENSORFLOW. Overview [EB/OL]. [2020-06-20]. https：//www. tensorflow. org/overview.

[10] KERAS. About keras [EB/OL]. [2020-06-20]. http：//keras. io/about.

[11] OPENCV. About [EB/OL]. [2020-06-20]. https：//opencv. org/about.

10 工人施工状态识别和施工效率智能化统计技术

当前工人施工状态及施工效率的统计常依靠人工观察分析,费时费力。本章研究建筑工人施工状态及施工效率快速智能统计技术。常用计算机视觉算法难以用于多个工人行为分析,识别速度和精度有待提高,影响施工进度精细化管控。基于以上问题,本章使用姿势估计算法提取工人关键点,采用多人跟踪算法完成工人以及关键点跟踪,进而提出时间序列预测模型提取行为特征,最后进行系统设计和系统整体测试。

10.1 智能分析系统的算法框架设计

如图 10.1-1 所示,智能分析系统的算法主要由三个模块构成。(1)关键点提取和处理模块:从工地视频输当中提取工人的关键点信息;提取边界框,并跟踪关键点区域;通过特征分析提取出重心特征、角度特征及速度特征。(2)动作分类模块:根据关键点信息进行动作识别,判断工人施工状态;收集全部工人的施工信息,计算全体的施工效率。(3)关键点训练模块:采用多层感知机网络以及堆叠长短期记忆网络 LSTM,在数据集上训练分类模型,并导入关键点识别模块,用于识别工人的动作信息。随着检测视频不断输入,可收集视频帧数据以扩充数据集,对模型进行更新。

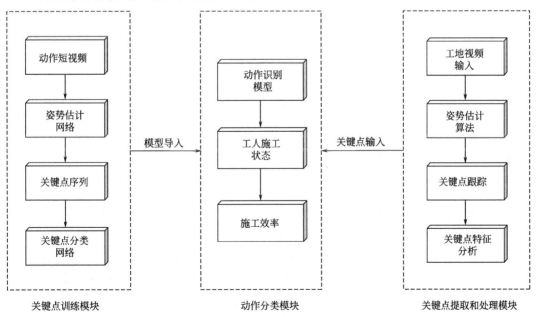

图 10.1-1 整体算法框架

10.2 基于姿势估计算法的工人关键点提取

人体姿势估计（Human Pose Estimation，HPE）是从图像中提取人体骨架点的过程。骨架本质上是一组坐标，用来描述人的姿势。骨架中的每个坐标称为关键点，关键点间的有效连接称为部件。关键点可从录制视频中离线提取。对于实时检测，关键点检测过程是在线的，实时获取关键点信息。关键点提取是工人状态分析中比较关键的步骤，多种姿势估计算法可用于关键点提取。本节首先进行姿势估计方法的选择和比较，兼顾实时性和算法架构选择基于 OpenPose 的方法，介绍了算法的结构。通过对算法进行网络结构的改进，提高关键点提取速度，并与原算法进行施工视频关键点提取结果对比。

10.2.1 姿势估计方法的选择与结构分析

图 10.2-1 测试了在人数较少和人数较多的场景下，多种人体姿势估计算法的检测速度。图中基于自上而下的方法如 Mask R-CNN[1]、Alpah-Pose[2] 等，在 3 人场景下每秒钟处理的帧数明显大于 20 人场景测试下的帧数，可见算法运行速度受人数影响。而 OpenPose 算法得运算速度并没有因为人数的变化而改变，表明该方法在人数增多时保持检测帧数不变。自上而下的骨骼关键点检测模型，对人体骨骼关键点检测的准确度高，但人数增多影响分析时间。OpenPose 模型是自下而上的骨骼关键点检测模型，对人关键点检测的准确度低于自上而下的模型，但相差不明显，且运行速度不受人员数量影响，更适用于施工现场的场景。

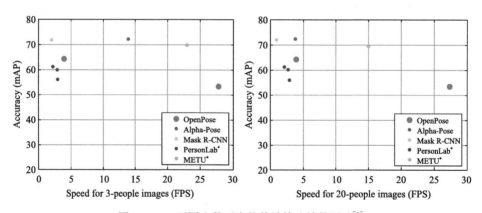

图 10.2-1 不同人数下姿势估计算法帧数测试[3]

监控视频输入网络，如图 10.2-2 所示，OpenPose 网络调整输入视频图片帧的尺寸大小，归一化为网络输入的尺寸。通过网络的主干网络 VGG-19[4] 提取图像的特征，之后特征图传入两分支网络。第一分支检测身体部位位置的置信度图；第二分支检测部分亲和字段 PAF，即一组显示肢体位置和方向的 2D 向量。这两个分支的结果与来自主干网络的特征图连接在一起，形成下一阶段的输入。经过几次迭代，这些分支产生最终预测。利用分配算法进行关键点连接，将不同的连接进行合并，生成当前帧中全部人员的关键点。

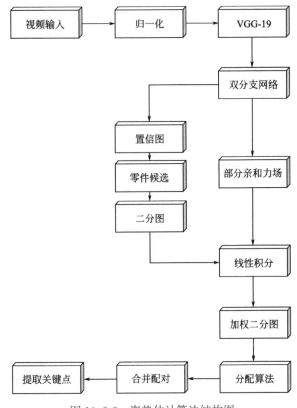

图 10.2-2　姿势估计算法结构图

VGG-19 网络和双分支网络分别获取预测置信度图和亲和力字段。VGG-19 由 10 层卷积层和 3 层池化层组成，10 层卷积层提取图像特征，提取到的特征被输送到右边的双分支网络中。双分支网络结构与卷积姿势机类似，由不同的卷积层组成，每个阶段具有多个损失函数和预测变量的神经网络。在第一阶段中，使用五层 CNN 和两个 1×1 卷积层来提取局部图像特征。第一分支的每个阶段预测置信度映射，第二分支的每个阶段预测亲和字段，置信度映射用于身体部位检测，亲和字段用于部位关联。在随后的每个阶段中，来自两个分支的预测与原始图像特征组合更精确的预测。

10.2.2　姿势估计算法轻量化改进

施工现场具有多个摄像头，需同时处理多路视频数据。OpenPose 与基于 CNN 的深度神经网络不同，其架构不规则，数据在网络中进行多次迭代，层与层之间的连接存在循环[3]。这导致网络运算量很大，为降低计算复杂性，提高关键点提取速度，改进了 Open-Pose 的网络结构。主要改进主干网络和多次迭代的双分支网络。将用于提取图片特征图的主干网络 VGG-19 前 10 层卷积网络，用 MobileNetV2[5] 替换。将多次循环的双分支网络，用分离式卷积结构替换。

Mobilenets[6] 采用深度方向和点方向可分离卷积（Depthwise Separable Convolution，DSC）。卷积运算先进行过滤，然后一步一步组合输入和输出。Mobilenets 将过滤和合并分为两个单独的步骤。采用深度卷积对每个输入通道轻量级滤波。采用 1×1 卷积即点向卷积，通过计算输入通道的线性组合来构建新功能。深度可分离卷积能够直接替代标准卷积层。图10.2-3（a）中的标准卷积滤波器可划分成两层，分别是图10.2-3（b）中的深度卷积滤波器和图10.2-3（c）中的点向卷积滤波器，构建了深度可分离的滤波器。

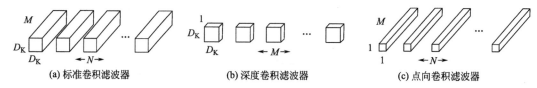

(a) 标准卷积滤波器   (b) 深度卷积滤波器   (c) 点向卷积滤波器

图10.2-3　深度可分离滤波器

进行深度可分离卷积替换减少了参数数量，提高了网络速度。其中标准卷积是可分离卷积计算量的9倍。改进网络使用3×3深度可分离卷积，准确性有所降低。假设D_K为方形内核大小，M为输入通道数，N为输出通道数。标准卷积的计算成本如下：

$$CC = D_K \cdot D_K \cdot M \cdot N \cdot D_F \cdot D_F \tag{10.2-1}$$

深度可分离卷积分进行相同的处理运算，计算成本如下：

$$CDPC = D_K \cdot D_K \cdot M \cdot D_F \cdot D_F + D_K \cdot D_K \cdot N \cdot D_F \cdot D_F \tag{10.2-2}$$

MobileNetV2专为移动端设备进行设计，通过引入BRB（Bottleneck Residual Block）结构来降低计算复杂度，其运算量低。这些层减少了计算成本，特征图大小保持不变。图10.2-4（a）为原始的Residual Block结构，先用1×1卷积将输入的特征图的维度降低，接着进行3×3的卷积操作，最后再用1×1的卷积将维度变大。图10.2-4（b）是Bottleneck Residual Block结构，先用1×1卷积将输入的特征图维度变大，然后用3×3深度可分离卷积做卷积运算，最后使用1×1的卷积运算将其维度缩小。在1×1卷积运算后，不再使用ReLU激活函数，而是用线性激活函数，以保留更多特征信息，保证模型的表达能力。

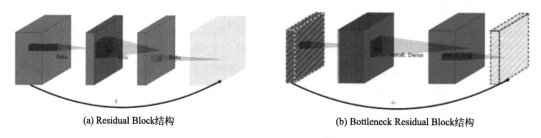

(a) Residual Block结构   (b) Bottleneck Residual Block结构

图10.2-4　残差块结构[5]

通过使用BRB和DSC两种结构进行替换，改进的姿势估计网络结构见图10.2-5。主干网络包含BRB结构以及DSC结构。特征提取网络采用MobileNetV2网络的前十二层网络进行替换，更加轻量化的提取施工图像的特征。对于多阶段网络，使用可分离卷积进行替换，降低了网络的计算量。

上述网络结构仅显示卷积层，每个卷积层连接的ReLU层和批处理归一化层没有进行显示。与原始网络相比精度降低，但提高了关键点的提取速度，保证了检测的实时性。同时短时间内完成更多的帧数检测，保证下一节的跟踪算法更有效的跟踪。

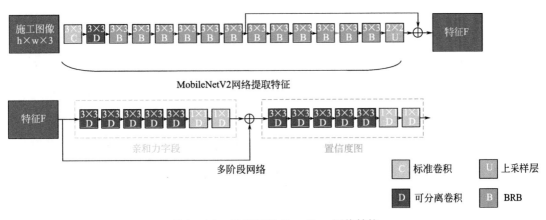

图 10.2-5 改进后的 OpenPose 网络结构

10.2.3 工人关键点提取结果

改进网络在 COCO 关键点数据集进行训练，该数据集收集多种场景下多姿势图像，这些场景包含多人、遮挡和相互接触等。对于训练完成的网络进行施工现场视频的测试，测试关键点实际的提取效果。

图 10.2-6 为工地上原始施工的图片，用两个网络分别完成关键点的提取。图 10.2-7 是改进方法与原始 OpenPose 关键点提取结果对比。对于图 10.2-7（a）（c）两幅图，分别是工人在没有遮挡的情况下关键点的提取结果，两幅图关键点提取的信息相似。对于图 10.2-7（b）（d）两幅图为工人存在遮挡的情况下，两种方法关键点提取都存在丢失，改进的网络检测到的关键点丢失的数量比原始方法多，表明遮挡情况下改进方法提取被遮挡工人关键点信息效果较差。但遮挡导致关键点存在丢失，单帧获取的关键点动作分析准确度下降，需要结合关键点丢失帧的前后未被遮挡的帧进行动作分析。

图 10.2-6 原始输入图像

改进网络缩减了模型的计算量并且降低了模型的参数量，在 CPU 上和 GPU 上进行处理，表 10.2-1 给出单帧检测所需要的时间，从结果得出在 GPU 以及 CPU 上计算，检测速度都得到提高。

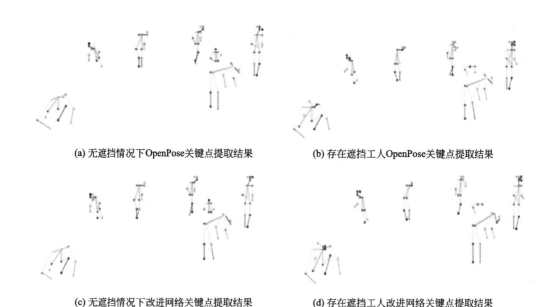

(a) 无遮挡情况下OpenPose关键点提取结果　　　　(b) 存在遮挡工人OpenPose关键点提取结果

(c) 无遮挡情况下改进网络关键点提取结果　　　　(d) 存在遮挡工人改进网络关键点提取结果

图 10.2-7　关键点提取结果

网络模型大小以及运行时间　　　　　　　　　　表 10.2-1

方法	模型大小	运行时间	
		CPU:7700k	GPU:1050Ti
原始网络	204.4M	1.3701s	0.1892s
改进网络	14.3M	0.4217s	0.0483s

10.3　基于多目标跟踪算法的工人关键点跟踪

目前基于动作识别进行工人分析的研究，大多考虑单个人的动作识别，并没有进行多人的跟踪分析。只能处理图像中单个工人存在的场景，对于多人场景无法在时间上连续的进行分析。本节通过多人跟踪的方法，对工人及工人的关键点进行编号，获得相应编号的工人时间连续的关键点信息，采用动作分类网络识别。跟踪过程不断地用跟踪算法判断，对工人编号确认。关键点确定工人的边界框以及边界框区域图像跟踪分析，推断出这个边界框的编号以及之前是否有相似工人出现，达到跟踪的效果。

10.3.1　关键点跟踪算法结构

当前使用 Sort[7] 跟踪算法有很多研究，其实时性高且运算量小。但是建筑场景下工人被遮挡的情况比较多，易导致跟踪目标丢失。选择基于 Sort 算法改进的算法 DeepSort，由于加入图像特征分析进行外观信息度量，对于遮挡和短暂消失的目标能够再次跟踪[8]。将人体边框信息以及所包含的图像信息输入到跟踪模块中，进行运动和外观信息提取，并和历史信息进行关联度量，完成匹配跟踪。工人的跟踪算法结构如图 10.3-1 所示。

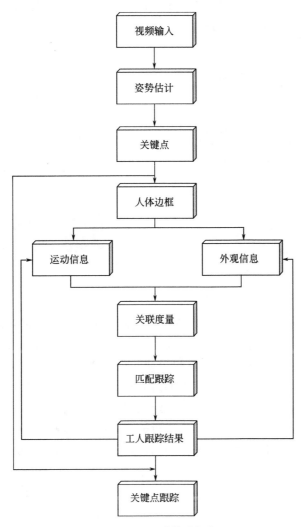

图 10.3-1　跟踪算法框架

10.3.2　工人边界框以及描述信息提取

（1）边界框信息提取

对于跟踪算法的实现，首先从姿势估计获得的关键点中提取工人的边界框信息。$(w,$ $h，x，y)$ 代表边界框的坐标，其中 $(x，y)$ 为边界框中心点坐标，$(w，h)$ 为边框的宽和高。提取工人边界框的具体公式见式（10.3-1）至式（10.3-4）。将提取工人边界框的位置信息直接用于工人运动信息的提取，作为运动描述；边界框中工人的裁剪图片信息用于工人外观信息提取，作为外观描述。

$$w = x_{\max} - x_{\min} \tag{10.3-1}$$

$$h = y_{\max} - y_{\min} \tag{10.3-2}$$

$$x = x_{\min} + w/2 \tag{10.3-3}$$

$$y = x_{\min} + h/2 \tag{10.3-4}$$

关键点信息工人边界框提取的效果如图 10.3-2 所示；利用初始关键点信息计算出工人的边界框，并用于接下来的跟踪过程。

图 10.3-2　从关键点信息中提取边界框

（2）运动信息提取

运动信息主要依靠卡尔曼滤波进行数据帧上面的关联。这一部分的处理与 Sort 算法相似，通过工人的边界框坐标、边界框的长宽比、工人边界框的长度以及这些变量在连续帧上面速度的变化作为参数来描述工人的运动状态，递归的卡尔曼滤波完成连续帧的关联。姿势估计网络不断生成关键点确定新的边界框，当新的边界框与原有的跟踪结果进行关联之后，记录相应的帧数信息。帧数信息超过某一个阈值，表明丢失了当前的跟踪目标。当新的检测框无法和原来存在的结果进行关联则可能出现了新的工人，在接下来的三帧当中，如果能够和预测的结果进行关联的话，则将此工人判断为新加入的工人并对其进行编号。

这里用马氏距离来表示关联程度，表述工人运动状态的跟踪情况，见公式（10.3-5）。如果马氏距离小于之前规定的某一阈值，就认为目标工人关联成功。

$$d^{(1)}(i,\ j) = (d_j - y_i)^{\mathrm{T}} S_i^{-1} (d_j - y_i) \tag{10.3-5}$$

d_j 为第 j 个边界框的位置信息，y_i 表示第 i 个跟踪器对工人的预测的位置信息，S_i^{-1} 表示实际边界位置与平均跟踪位置之间的协方差矩阵。马氏距离通过计算边界框和平均跟踪位置之间的标准差判断状态测量的不确定性。

如果某次关联的马氏距离小于规定的阈值，表示为运动状态的关联成功，见公式（10.3-6）。

$$b_{i,\ j}^{(1)} = \mathbb{1}[d^{(1)}(i,\ j) \leqslant t^{(1)}] \tag{10.3-6}$$

（3）外观信息提取

马氏距离是一个比较合适的关联指标，但是在工人运动不确定性较高如摄像机因为抖动而导致的画面晃动等情况会给卡尔曼滤波预测带来很大的不确定性。施工现场有些摄像头是安装在塔式起重机上，带来抖动使马氏距离指标失效。同时工人及工人和其他物体之间存在遮挡也会带来这种不确定性。因此，将第二个指标集成到关联问题中，加入外观描述符表示每个工人的外观信息。对于每个边界框检测 d_j，比较外观描述符指标，其记录并存储了外观描述符的信息。

与运动信息一样，也设定一个阈值进行关联信息判断。如下式中的距离小于训练的阈值，则表示关联成功，见公式（10.3-7）。

$$b_{i,j}^{(2)} = \mathbb{1}[d^{(2)}(i,j) \leqslant t^{(2)}] \tag{10.3-7}$$

外观描述符基于 CNN 网络进行提取工人的外观信息来获取，其网络架构见表 10.3-1。网络采用两个卷积层，使用六个残差块，提取出检测框里工人的特征信息。将工人的特征信息进行批量归一化，然后把特征投影到单位的超球面上，用余弦距离度量关联程度。

外观描述符网络结构 表 10.3-1

名称	输出尺寸
Conv 1	$32 \times 128 \times 64$
Conv 1	$32 \times 128 \times 64$
Max Pool 3	$32 \times 64 \times 32$
Residual 4	$32 \times 64 \times 32$
Residual 5	$32 \times 64 \times 32$
Residual 6	$64 \times 32 \times 16$
Residual 7	$64 \times 32 \times 16$
Residual 8	$128 \times 16 \times 8$
Residual 9	$128 \times 16 \times 8$
Dense 10	128
Batch and ℓ_2 normalization	128

余弦距离和马氏距离分别对外观信息和运动信息关联，采用线性加权的方式将两个信息结合，见式（10.3-8）。对于不同的场景可调节两个距离关联程度的权重。运动信息关联速度较快，适合短期内没有遮挡的场景。外观描述符可提取到工人的特征并进行存储对比，可用于摄像机抖动及工人存在遮挡的场景。

$$c_{i,j} = \lambda d^{(1)}(i,j) + (1-\lambda)d^{(2)}(i,j) \tag{10.3-8}$$

10.3.3 工人以及关键点跟踪结果

跟踪算法实现对工人的跟踪和编号。采用存储 100 帧的描述符判别，有利于解决遮挡的问题。基于姿势估计获取的关键点得到工人的边界框，完成工人跟踪的同时也完成了对关键点的跟踪。关键点的跟踪将关键点连续地传递到动作分类网络进行分析，实现多个工人进行活动识别，记录施工信息。这里用姿势估计网络提取的关键点信息确定工人边界框位置，对跟踪算法进行实际的测试。

图 10.3-3 与图 10.3-4 展示了工人关键点的跟踪结果。其中图 10.3-3 为初始帧，进行关键点提取获得的边界框信息用于跟踪。图 10.3-4 帧为关键点跟踪结果。证明基于关键点获取边界框可跟踪工人。ID 编号为 5 的工人因为遮挡，在图 10.3-5 中关键点消失，接着在随后帧数中编号为 5 的工人再次出现，编号结果不变，如图 10.3-6 所示。该跟踪算法在工人短暂消失一段时间后，能够恢复原始的编号，不会丢失跟踪目标。

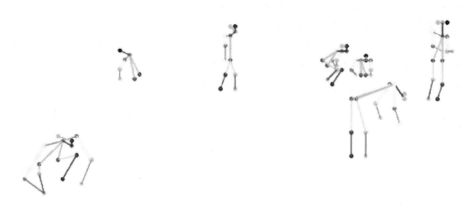

图 10.3-3　初始帧关键点信息

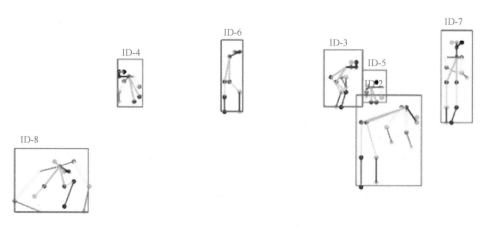

图 10.3-4　第二帧关键点跟踪结果

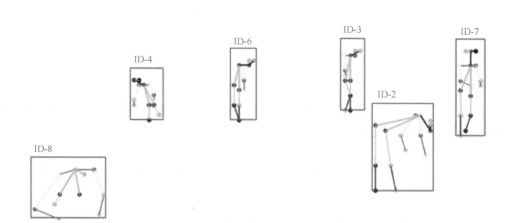

图 10.3-5　编号为 5 的工人被遮挡

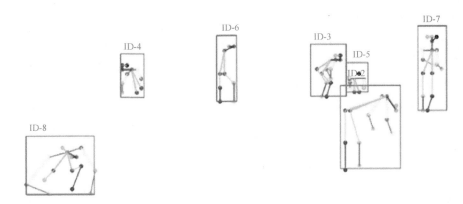

图 10.3-6　遮挡消除后编号 5 工人的跟踪结果

10.4　基于关键点时间序列的工人动作识别

在跟踪工人之后进行动作识别，首先需建立施工行为关键点数据集。针对施工行为的视频数据采集视频信息建立视频数据集，再将视频数据集转换为关键点数据集。针对数据集的特点以及动作分类问题设计动作分类网络。本节介绍施工行为关键点数据集建立的过程以及动作类别。介绍为提高动作识别的准确率对关键点数据集特征分析设计动作分类模型网络。分别在具有时间信息和不具有时间信息的两种数据集上进行训练。

10.4.1　工人施工行为视频数据集制作

监控视频由可移动摄像机在多个施工现场以每秒 30 帧且分辨率为 1920×1280 的设置下拍摄。摄像机在移动状态下录制不同角度多个工人施工的动作。摄像机距离工人的距离在 5～15m 之间，多名不同工种的工人参与视频的录制。录制期间工人进行不同动作的工作，采集到大量的视频，视频场景如图 10.4-1 所示。

图 10.4-1　视频数据集采集场景

　　由于视频长度和视频当中存在的工人比较多，每个人物可能做不同的动作。同时在进行关键点提取的时候无法提取到单个动作单个工人的关键点信息，因此对于长视频，在时间和像素上进行裁剪。在像素点上，将单个工人从视频当中分割，接着将同一动作的施工行为进行时间截取，确保每一个短视频只有一个工人和一种动作类别。经过时间和像素点的分割，得到包含9个动作的200个时间长度为3s左右的短视频，其中动作主要分为两个状态，施工状态和非施工状态。将比较特殊的动作列为其他动作，如工人站立喝水等。表10.4-1为数据集各个动作的类别以及帧数，其中1表示工人处于工作状态。

工人短视频数据集　　　　　　　　　　　　　　　　　　　　表10.4-1

动作编号	动作名称	是否为工作状态	帧数
1	搬运材料	1	720
2	肩扛材料	1	720
3	站立操作	1	810
4	蹲下操作	1	810
5	站立休息	0	630
6	蹲下休息	0	960
7	坐着休息	0	960
8	空手走路	0	720
9	其他动作	0	800

10.4.2　关键点数据集制作

　　制作短视频的数据集之后，利用改进的姿势提取算法将所有的短视频转换成关键点数据。关键点信息包含着每一张图片当中具体的工人位置信息，格式为json文本，将其转换为csv格式。同时进行标签的制作，利用csv数据格式进行手动的编码。上述的短视频数据集已经将数据视频进行归类，直接将短视频对应的关键点划分到标号类别中。图10.4-2显示动作编号为0的关键点数据集，数据进行了归一化，数据集中有36个坐标点以及动作类别编号。

10.4.3　工人关键点数据特征提取

　　姿势估计算法获取人体姿势的精度高，但是漏检的关键点以及输入图像比例变化导致活动识别网络学习能力不足。Raj等人[9]提出从姿势中提取手工特征来提高训练的深度学习模型的性能，本书采用该方法进行特征提取，提取的特征如下：

　　（1）位置坐标特征

　　视频数据姿势分析获得人体姿势骨架有18个关键点，所有的关键点坐标由 (x_i, y_i) 来表示。具有 N 个关键点的姿势骨架的原始特征向量可由 $2N$ 维向量表示，如式（10.4-1）所示该向量包含关键点的 x 和 y 坐标。

$$F = [x_1, y_1, x_2, y_2, x_3, y_3, \cdots, x_N, y_N] \tag{10.4-1}$$

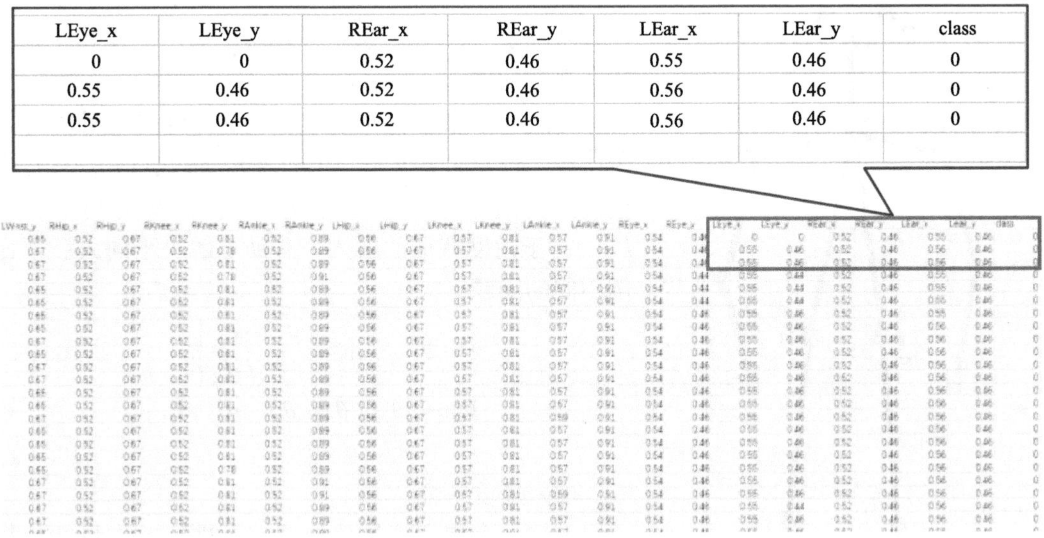

LEye_x	LEye_y	REar_x	REar_y	LEar_x	LEar_y	class
0	0	0.52	0.46	0.55	0.46	0
0.55	0.46	0.52	0.46	0.56	0.46	0
0.55	0.46	0.52	0.46	0.56	0.46	0

图 10.4-2 关键点数据集

但这只代表工人在图像中的绝对位置，关键点不同但可能为同一动作。对于研究工人施工行为只关注关键点的相对位置，因此需对数据采用式（10.4-2）归一化，其中（x_0，y_0）为人体颈部关键点，（$\hat{x}_i$，$\hat{y}_i$）为归一化之后的关键点坐标。

$$\hat{x}_i = \frac{x_i - x_0}{x_{\max} - x_{\min}}; \quad \hat{y}_i = \frac{y_i - y_0}{y_{\max} - y_{\min}} \tag{10.4-2}$$

（2）重心特征

将关键点到重心坐标的归一化距离作为重心特征。关键点的重心坐标为（G_x，G_y），由于关键点可能存在遮挡或者缺失，这里仅考虑可见的关键点即 $c=1$ 的关键点，见公式（10.4-3）。

$$G_x = \frac{\sum_{i=1}^{N} x_i c_i}{\sum_{i=1}^{N} c_i}; \quad G_y = \frac{\sum_{i=1}^{N} y_i c_i}{\sum_{i=1}^{N} c_i} \tag{10.4-3}$$

计算各个关键点到中心的距离（x'，y'_i）得到关于重心特征的特征矩阵 F_G，见公式（10.4-4）和公式（10.4-5）。

$$x' = \frac{x_i - G_x}{d}; \quad y'_i = \frac{y_i - G_y}{d} \tag{10.4-4}$$

$$F_G = [x'_1, y'_1, x'_2, y'_2, x'_3, y'_3, \cdots, x'_N, y'_N] \tag{10.4-5}$$

上式中（x_i，y_i）为位置坐标，与位置特征一样不考虑绝对位置，仅考虑相对位置。根据人体姿势骨骼中最长的垂直距离 d 归一化上述距离。其中 c_i 是一个布尔值，描述当前关键点坐标是否缺失，缺少关键点和最长垂直距离的变化可能会造成轻微的影响。

（3）角度特征

角度特征可反映身体肢干之间的关系，即表示出不同关键点数据之间的关系。考虑人体结构的特点，在不同动作的情况下能更好地依靠角度特征去区分不同的动作。制作用于动作识别或者为关键点分类的关键点肢干角度特征，选择区分度明显的角度表示角度特

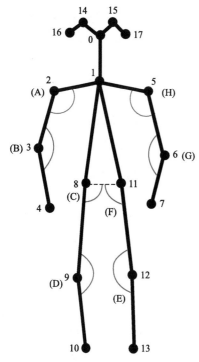

图 10.4-3 关键点角度标注图

征，具体的角度位置见图 10.4-3。图中标记了 8 个角度，从 A 到 H，这些关键点随着不同的动作找出角度之间存在的差别。

通过斜率来计算角度 θ_i，l 表示组成角对应的两条线段，计算公式见式（10.4-6）。将式（10.4-7）中获得的不同角度组成的合成特征向量称为角度特征 F_θ。对于角度特征的引入，有助于解决不同人肢干比例不同的问题。

$$\theta_i = \tan^{-1}\left|\frac{l_1 - l_2}{1 + l_1 l_2}\right| \tag{10.4-6}$$

$$F_\theta = [\theta_A,\ \theta_B,\ \theta_C,\ \cdots,\ \theta_H] \tag{10.4-7}$$

（4）速度特征

上述三个特征都是单帧关键点进行动作特征的提取，没有考虑动作实际为时连续发生。比如一个人在行走，其前后帧关键点的实际位置会发生运动方向上的平移变化。关键点位置的位移随时间的变化可描述前后帧之间的变化。通过计算关键点相对于前一帧的位移，得到具有时间特征的速度特征，见公式（10.4-8）和公式（10.4-9）。

$$V_{xi}(t) = \frac{x_i(t) - x_i(t-1)}{d(t)};\ V_{yi}(t) = \frac{y_i(t) - y_i(t-1)}{d(t)} \tag{10.4-8}$$

$$F_V = [V_{x1},\ V_{y1},\ V_{x2},\ V_{y2},\ V_{x3},\ V_{y3},\ \cdots,\ V_{x_N},\ V_{y_N}] \tag{10.4-9}$$

式（10.4-9）中得到的特征向量作为速度特征 F_V。与重心特征相似，速度值由人体姿势骨架的最长垂直长度 $d(t)$ 进行归一化。

10.4.4 施工动作分类模型建立

将普通摄像头拍摄的视频信息，转化为时序关键点序列，以及动作具有时间连续性的特点，是将动作识别问题转化成时间序列的关键点分类的问题。考虑到时间序列问题，且数据集的数据量并不大，选择处理非时间特征向量的 MLP（多层感知机）网络和处理时间特征向量的堆叠 LSTM 网络建立动作分类网络。图 10.4-4 为整体的动作分类框架。

（1）基于多层感知机分类模型

多层感知机用于将每一帧对应的关键点的特征信息进行分析分类，判断当前帧工人的动作类别。设计的 MLP 网络结构见表 10.4-2，该网络完成关键点数据的分类。

多层 MLP 网络参数　　　　　　　　　　　　　　　　　表 10.4-2

名称	输出尺寸	单元个数	参数
Dense1	(None,1,128)	128	
Dropout1			0.1

续表

名称	输出尺寸	单元个数	参数
Dense2	(None,1,256)	256	
Dropout2			0.1
Dense3	(None,1,128)	128	
Dropout3			0.1
Dense4	(None,1,64)	64	
Dropout4			0.1
Dense5	(None,1,32)	32	
Dropout5			0.1
Dense6	(None,9)	9	

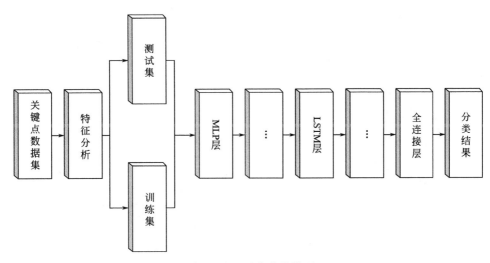

图 10.4-4 动作分类模型

(2) 基于 LSTM 神经网络分类模型

对于关键点时间序列，用 LSTM 建模时间序列且不限于固定长度的输入或输出，因此能分析单帧特征信息，同时结合连续帧数进行特征分析，有利于解决时序动作分类问题。当单层特征提取能力不够时，增加 LSTM 的深度进行堆叠。堆叠体系结构定义为包含多个 LSTM 层的 LSTM 模型，上方的 LSTM 层输出序列信息作为下层 LSTM 层的输入信息，而非单个值输入。

由于数据量并不大，选择两层堆叠 LSTM，网络的具体网络结果见表 10.4-3，该网络也可单独完成关键点分类。

堆叠 LSTM 网络参数   表 10.4-3

名称	输出尺寸	神经元个数
LSTM1	(None,1,32)	32
LSTM2	(None,32)	32
Dense1	(None,9)	9

（3）施工动作分类模型训练

原始关键点数据集是由 36 维度的位置特征信息构成，本书没有直接选择位置信息训练，主要考虑到其位置点的特征并不能明显区分不同动作。为提高分类精度，在训练时计算数据集的特征，分别得到重心特征、角度特征、速度特征并将其拼接成为 80 维的混合特征向量，制作混合特征数据集。其中重心特征和速度特征都是 36 维度，角度特征为 8 维度，数据集名为 H-Dataset。同时选择重心特征和角度特征拼接成为 44 维的非时间特征向量，制作非时间特征数据集。数据集命名为 NT-Dataset。上述两种动作分类模型以及结合网络分别在两个数据集上进行训练。

本实验三个网络激活函数采用 Relu、LSTM 网络进行训练，使用时间反向传播。训练参数 epochs 设为 200，batch_size 设为 32，学习率设为 0.0001，三个网络保持一致。对 6 个实验中的每一个进行 200 次的训练，并且损失曲线在 200 次之前都达到稳定，确保训练完成。训练时的损失曲线见图 10.4-5。

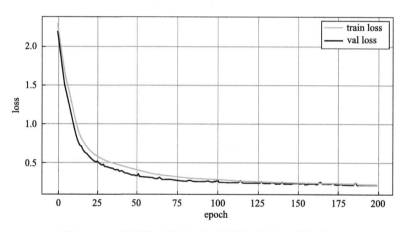

图 10.4-5　测试集（黑色）和训练集（绿色）损失曲线

10.4.5　动作识别结果

本书采用准确度和混淆矩阵作为评估指标动作识别方法的性能。准确度衡量分类网络做出正确的预测的概率，是一种在计算机视觉中动作识别领域被广泛接受的评价指标。

图 10.4-6 为 MLP＋堆叠 LSTM 相结合的网络，以及在 NT-Dataset 数据集行训练测试之后生成的混淆矩阵。每类的准确度是正确预测数量比上关于该类动作用于预测的总数量，平均准确度是每类准确性的平均值。在本书中动作识别是基于现有测试集，对于工人的关键点类别检测结果为标签正确或者错误，即只有 TP 和 FP，没有 FN 和 TN。

在实验当中制作了两个数据集，同时搭建了三种网络结构，实验结果见表 10.4-4。

不同模型在不同数据集上的平均准确度　　　　　　　　　　　　　　表 10.4-4

数据集	模型		
	多层 MLP	堆叠 LSTM	MLP＋堆叠 LSTM
NT-Dataset	80.7%	84.3%	89.2%
H-Dataset	85.1%	87.2%	92.3%

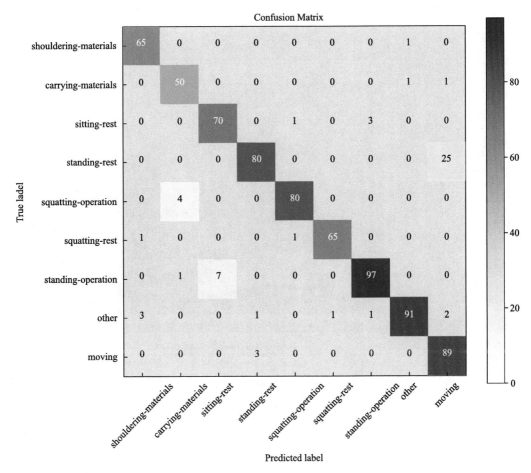

图 10.4-6　MLP＋堆叠 LSTM（数据集 NT-Dataset）

　　实验结果表明在使用同一网络结构中，采用具有时间属性的数据集平均精度方面得到提升。在使用具有时间序列的方法时，时间精度也会提高。所以姿势估计算法生成的关键点进行时间的特征提取并进行时间分析，可达到更好的分类效果。选择用于工人动作识别系统的模型是经过时间数据集训练 H-Dataset 及采用多层 MLP 结合堆叠 LSTM 结构的模型。

　　图 10.4-7 为系统处理施工视频之后的结果。图中有 7 名工人，由于遮挡严重，1 名工人关键点信息没有检测到。其他 6 名工人，系统分析出每人当前的动作，并对应特有的编号信息。其中站立休息的有 3 名工人，标签为"站休"；有两名工人进行站立操作，标签为"站操"；有一名工人是在蹲着操作，标签为"蹲操"。对于上述 6 名工人，站立休息不属于正在施工的活动状态，因此统计出的结果显示有 3 名工人在工作，3 名工人没有工作，当前帧数下工作效率为 0.5。整体准确度因为存在一名工人关键点丢失，导致准确度下降。除去遮挡未检测到关键点的人员，动作识别的准确度为 85％。

　　通过系统算法分析，可获得每个工人当前时刻的状态，进而统计出不同施工状态的工人数量以及当前施工总人数。当前帧全部工人的施工效率，可由施工人数在总人数中的占比计算得出，同时每一帧工人是否在工作也可由其状态判断。统计一段时间内的上述信息，可分析出此段时间内每个工人的施工效率以及全体工人的施工效率。

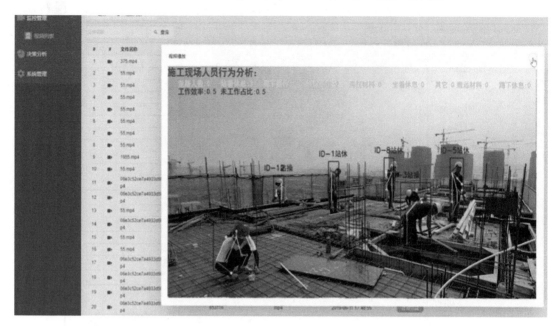

图 10.4-7 施工状态以及施工效率分析结果

当视频画面中工人数量较少时，视频的分析速度达到 15FPS。当工人数量增多，多个工人前后帧匹配，增加了跟踪算法的运算量，系统整体帧数有所下降。

10.5 本章小结

通过改进的姿势估计算法获取人体关键点提出了工人状态智能分析技术。姿势估计改进算法实际相较于原始算法识别速度提升明显，且可同时获取多个工人的关键点信息。在动作识别时，加入关键点特征分析，有效完成动作分类网络的训练，提高动作识别的准确率。在现场测试人数较少时可快速完成视频分析，人数众多时识别难度大，每秒处理的帧数有所下降，但在分析时仅占较少运算单元。该系统可完成工人状态识别，占用运算资源少，一定程度上满足施工中实际的需要。

参考文献

［1］ HE K, GKIOXARI G, DOLLAR P, et al. Mask r-cnn［C］//Proceedings of the IEEE International Conference on Computer Vision，2017：2961-2969.

［2］ FANG H S, XIE S, TAI Y W, et al. Rmpe：regional multi-person pose estimation［C］//Proceedings of the IEEE International Conference on Computer Vision. 2017：2334-2343.

［3］ CAO Z, HIDALGO G, SIMON T，et al. Openpose：realtime multi-person 2D pose estimation using part affinity fields［J/OL］. arXiv preprint arXiv：1812.08008, 2018.［2020-06-20］. https：//arxiv.org/abs/1812.08008.

［4］ SIMONYAN K, ZISSERMAN A. Very deep convolutional networks for large-scale image recognition